上海校园文化传承创新发展行动计划——中国风丛书出版项目资助

中华服饰文化系列「中国风」

华夏纺织文明故事

薛 雁 徐 铮 编著

东华大学出版社·上海

内 容 提 要

华夏纺织有着几千年的悠久历史,尤其栽桑、养蚕、缫丝、织绸是中华民族的伟大发明,它对人类文明的发展做出了卓越的贡献。

本书按历史发展的脉络,从纺织文明起源开始,以纺织纤维的发现和利用、历史的传说、生产技术、礼仪制度、文化艺术等为线索,用图文并茂的形式和通俗易懂的语言,讲述了华夏纺织文明的故事,以期传播和弘扬中国纺织科技和文化。

图书在版编目（ＣＩＰ）数据

华夏纺织文明故事 / 薛雁,徐铮编著. —上海:东华大学出版社,2014.10

ISBN 978-7-5669-0621-2

Ⅰ.① 华… Ⅱ.① 薛… ② 徐… Ⅲ.① 纺织工业—文化史—中国—通俗读物 Ⅳ.① TS1-092

中国版本图书馆CIP数据核字（2014）第224080号

中 国 风:中华服饰文化系列
封面设计:戚亮轩
责任编辑:张 静

华夏纺织文明故事

薛 雁 徐 铮 编著

出　　版:东华大学出版社(上海市延安西路1882号,200051)

网　　址:http://www.dhupress.net

天猫旗舰店:http://dhdx.tmall.com

营销中心:021-62193056　62373056　62379558

印　　刷:深圳彩之欣印刷有限公司

开　　本:710mm×1000mm　1/16　印张:8.75

字　　数:219千字

版　　次:2014年10月第1版

印　　次:2014年10月第1次印刷

书　　号:ISBN 978-7-5669-0621-2 / TS·538

定　　价:39.00元

前 言 | PREFACE

　　华夏民族的祖先，经过披树叶和兽皮的漫长岁月，缓缓走入懂得遮体御寒的文明时代，这得益于纺织品的出现。

　　华夏纺织有着非常悠久的历史，从纺织材料的发现和利用到生产技术的创新与发展，对人类文明做出了卓越的贡献。中国是养蚕织绸最早的国家，具有五千年的历史。公元前六世纪左右，中国古人就已通过欧亚大陆北部的大草原，穿过茫茫戈壁和绿洲，将华丽的丝绸销往西方，开辟了中国与西方的国际贸易通道——丝绸之路。同时，西方的食品、香料、珠宝、玻璃等也纷纷传入中国，促进了中西方物质与文化的繁荣。

　　《礼记·礼运》中记载："治其麻丝，以为布帛，以养生送死，以事鬼神上帝。"起初，麻布用于养生，是人们日常生活中的服饰面料；而帛用于送死，为死后丧葬所用。这时的丝绸被赋予了特殊的使命和神秘的色彩，人们将丝绸作为人与天的沟通之物加以崇拜。逐渐地，历代统治者将丝绸服饰作为身份和财富的象征而服用，将丝绸上的图案用以标示权力和等级。丝绸图案与色彩，甚至成为一种文明的语言，以及情感的表示。提花技术的迅速提高，丝绸品种的日益丰富，纺织科技的不断发展，在一定程度上也是为了更好地表现图案，表达人们的审美意识。

　　纺织文明的起源，有着很多美丽的传说。纺织科技的发展，为我们留下了大量珍贵的文化遗产和许多美好的故事。在此，我们选取其中较为熟悉与相对典型的部分，予以呈现。此书旨在以历史发展为脉络，将纺织历史、技术、礼仪、文化与艺术等方面的知识，用通俗易懂的语言进行表述，以纺织品尤其是丝绸为主要对象，通过讲述一个个故事，叙述一件件事情，介绍一位位人物，让读者了解纺织，并熟悉一些与纺织相关的人与事。

本书的编写首先要感谢江南大学纺织服装学院张竞琼教授的提议；还要感谢在写作过程中给予各种帮助的赵丰、徐德明、蔡琴等诸位领导，以及徐文跃、王淑娟、胡超等同事。

编　者

2014年7月

目 录 | CONTENTS

第一章
神蚕扶桑——纺织起源

　　中国纺织历史悠久，目前所发现的中国最早的纺织品距今至少有六千多年。而纺织品对中国古代文明乃至人类文明做出的重要贡献，当以丝绸最为突出。因此，关于丝绸的起源，有很多美丽的传说，无论是嫘祖始蚕，还是成汤祷雨，柔美的丝绸不但装点人们的生活，还赋予人们充分的遐想。大量纺织品的考古新发现，将华夏纺织文明的历史得以科学地呈现。

一、古老传说

关于丝绸的起源，有各种不同的诠释。根据史书记载，主要有官方和民间两大版本。人们按照各自所崇拜的蚕神进行祭祀活动。

嫘祖始蚕

嫘祖始蚕是一个美丽的历史传说（图1-1），也是人们为养蚕织绸的起源而做的一种推测。关于嫘祖的传说有很多个版本，其中较常见的是：

图1-1　嫘祖及众蚕神（王祯《农书》）

相传远古时候，有一位美丽、善良的姑娘，出生在西陵（今四川省盐亭县境内）嫘村山一户人家。姑娘长大后，因父母体弱多病，她每天去采集些野果来奉养二老。她由近采到远处，但慢慢地，野果也采完了。一天，姑娘靠在一棵桑树下伤心地涕哭，哭声凄凉、悲伤，感动了天地，也惊动了玉皇大帝。玉帝将马头娘派下凡间，变成吃桑叶吐丝的天虫。马头娘将桑果落在姑娘的嘴边。姑娘尝后觉得又酸又甜，就采了一些带回家给父母充饥，日后便经常去采，老人吃后精神一天比一天好。

不久，到了夏天，阳光明媚，姑娘发现树上的天虫不断地吐着丝，并结成了白白的椭圆形的茧子。出于好奇，姑娘采了一粒放在嘴里尝着吃，咬着咬着，觉得与野果不一样，用手一拉，一根丝线源源不断地被拉了出来。她就将这线慢慢地绕在树枝上，拿回家，并将线编成一块小小的绸子，又拼成一大块给父母披在身上，热天凉爽、冬天温暖。于是，姑娘将天虫取名为"蚕"捉回家，把桑树叶采回家进行喂养。经过长期的经验积累，姑娘完全掌握了蚕的喂养规律和缫丝织绸技艺，并将这些技艺毫无保留地教给当地的人们。从此，人们进入了绸衣锦服的文明社会。

姑娘发明养蚕缫丝织绸的消息，很快传遍西陵部落，西陵王非常高兴，收姑娘为女儿，赐名"嫘祖"。各部落的首领也纷纷到西陵向嫘祖求婚，但均遭到嫘祖的拒绝。一天，英俊非凡的中原部落首领黄帝轩辕，征战来到西陵，两人一见倾心，嫘祖遂被选作黄帝的元妃。黄帝战胜了蚩尤和炎帝，协调好各部落的关系，完成了统一中华的大业。嫘祖也奏请黄帝诏令天下，把栽桑养蚕织绸的技术推广到全国。后人为了纪念嫘祖这一功绩，就将她尊称为"先蚕娘娘"。

关于嫘祖的传说得到了宫廷和官府的公认，并且很早就有记载。汉代司马迁在《史记·五帝本纪》中载"黄帝居轩辕之丘，而娶于西陵之女，是为嫘祖。嫘祖为黄帝正妃，生二子，其后皆有天下。其一曰玄嚣，是为青阳，降居江水；其二曰昌意，降居若水"，讲的就是嫘祖。《隋书·礼仪志》引后周制度："皇后乘翠辂，率三妃、三妣、御媛、御婉、三公夫人、三孤内子至蚕所，以一太牢亲祭，进奠先蚕西陵氏神。"南宋罗泌《路史·后纪五》曰："黄帝元妃西陵氏曰僳祖，以其始蚕，故又祀之先蚕。"元代张履祥《通鉴纲目前编·外纪》云："西陵氏之子嫘祖，为黄帝元妃，始教民养蚕，治蚕丝以供衣服，而天下无皴瘃之患，后世祀为先蚕。"历代的皇后们在每年养蚕季节开始前，也都有举行亲蚕仪式的习惯(图1-2)：一是祭祀西陵氏嫘祖；二是祈求蚕茧丰收；三是亲手采摘桑叶为百姓做榜样。

所以，嫘祖是丝绸业的始祖，是人们崇拜的蚕神。

图1-2　《亲蚕图卷》局部

马头娘的故事 蠶馬

旧说，太古之时，有大人远征，家无余人，唯有一女。牡马一匹，女亲养之。穷居幽处，思念其父，乃戏马曰："尔能为我迎得父还，吾将嫁汝。"马既承此言，乃绝缰而去，径至父所。父见马惊喜，因取而乘之。马望所自来，悲鸣不已。父曰："此马无事如此，我家得无有故乎！"亟乘以归。为畜生有非常之情，故厚加刍养。马不肯食，每见女出入，辄喜怒奋击，如此非一。父怪之，密以问女。女具以告父，必为是故。父曰："勿言，恐辱家门，且莫出入。"于是伏弩射杀之，暴皮于庭。父行，女与邻女于皮所戏，以足蹙之曰："汝是畜生，而欲取人为妇耶！招此屠剥，如何自苦！"言未及竟，马皮蹶然而起，卷女以行。邻女忙怕，不敢救之。走告其父。父还求索，已出失之。后经数日，得于大树枝间，女及马皮尽化为蚕，而绩于树上。其茧纶理厚大，异于常蚕。邻妇取而养之，其收数倍，因名其树曰"桑"。桑者，丧也。由斯百姓竞种之，今世所养是也。言桑蚕者，是古蚕之余类也。

——《搜神记》卷十四

　　《搜神记》是一部记录古代民间传说中神奇怪异故事的小说集，作者是东晋的史学家干宝。全书凡二十卷，共有大小故事四百五十四个。其中的大部分故事在一定程度上反映了古代人民的思想情感。它是集我国古代神话传说之大成的著作，《太古蚕马》即"白马化蚕"的蚕神神话。人们现在看到的蚕，其头形如马头，而上述故事中的女儿也被称作马头娘（图1-3）。该故事的内容为：

　　以前传说，远古的时候有一户人家，父亲远征去了远方，家里没别人，只有女儿一个，女儿饲养着一匹白色公马。孤单的女儿十分思念父亲，有一次她忍不住跟马说："你能为我接回父亲，我就嫁给你。"马听完这话后，挣断缰绳，跑到她父亲的驻地，父亲看见马非常惊喜，牵过来就骑上了，可是马朝着来的方向不停地悲鸣。这马为什么如此叫唤呢，是不是我家出了什么事啊？父亲想着，于是急忙骑着马回到了家里。

　　这匹马有如此非比寻常的情感，所以这父亲对它特别好，草粮也喂得特别足。

图1-3　清代马头娘像

马却不太肯吃，可每当见到女儿进出，就非常兴奋跳跃，情绪异常。三番两次，父亲觉得很奇怪，就悄悄问女儿，女儿将前后情况全部告诉了父亲，说"一定是因为这个"。父亲说："不要对外人说，不然会有辱名声。你也不要再进进出出了。"于是，父亲用弓箭射死了这匹马，并将马皮晒于院中。父亲外出后，女儿与邻居女孩子在院子里一起玩，她用脚踢着马皮说："你是畜生，还想娶人为妻？遭此屠杀剥皮，何必自讨苦吃呢？"话未说完，马皮突然卷起裹着她就飞走了。邻女慌乱害怕，不敢去救，跑去告诉女儿的父亲。父亲回来四处寻找，但未找着。

过了几天，父亲才在一棵大树的枝桠间发现女儿和马皮都变成了蚕，在树上吐丝做茧。那蚕茧个大厚实，远不同于普通蚕茧。乡邻农妇取下来饲养，所获的蚕丝比普通蚕茧多几倍。因此把那种树叫作"桑"。桑，就是丧的意思。从此人们都去种植桑树，这就是现在的桑树。现在叫的桑蚕就是古时的那种蚕。

成汤桑林祷雨

昔者，商汤克夏而正天下，天大旱，五年不收。汤乃以身祷于桑林曰："余一人有罪无及万夫；万夫有罪在余一人。无以一人之不敏，使上帝鬼神伤民之命。"于是剪其发，断其爪，以身为牺牲，用祈福于上帝。民乃甚悦，雨乃大至。

——《吕氏春秋·季秋纪·顺民篇》

这个故事讲的是成汤建国后不久，天一直大旱不雨，烈日炎炎，黄土坼裂，整整五年庄稼颗粒无收。汤王认为，这连续几年的旱灾，一定是自己有地方做得不好，得罪了上天。因此，成汤选择在郊外的桑林设祭坛，祈求上天原谅自己，早日降雨解旱。因为古人认为桑林是一个神圣的地方，桑林中有一种叫"扶桑"的神树，那是太阳栖息的地方，也是可以与上天沟通之地。成汤命史官占卜，史官占卜后说："应以人为祭品。"成汤说："我是为民请雨，如果必须用人祭祀的话，就请用我之躯来祭祀吧！"他向上天祷告说："罪在我一人，不能惩罚万民；万民有罪，也都在我一人。不要因我一人没有才能，使天帝鬼神伤害百姓的性命。"于是，成汤赤裸着上身，披散着长发，用木头捆绑着双手，向苍天祈祷求雨。烈日晒烤着干涸的大地，也晒烤着汤王。据说整整求了六天，在第七天即将到正午时分，奄奄一息的成汤准备跳入祭祀台前的火堆以身祭天换取甘霖时，忽听惊雷一声，顿时大雨倾盆，整片中原大地沐浴在茫茫大雨中。

一位帝王真心为民祈祷解难、勇于自我牺牲的德行感天动地，一直受到人民的敬佩和颂扬，流芳百世。这个美丽动人的故事，在《墨子》《荀子》《国语》《说苑》等书中均有记载。从此，桑林更成为人们心中的神圣之地，桑林中幽会、桑林中求子、桑林中祭祀的风俗，一直流行。

二、半个茧壳

通过考古手段，从科学上证明中国丝绸悠久历史的发现，西阴村遗址出土的半个蚕茧当属其中之一。

西阴村遗址位于山西夏县，距今大约五千五百多年，属于仰韶文化。主持这次考古发掘的，是我国第一代田野考古学家、美国哈佛大学人类学博士李济（图1-4）。这也是由中国学者主持进行的首次考古发掘，出土了大量新石器时代的陶片和石斧、石刀、石锤等工具。1926年的一天，遗址正在紧张地挖掘中，突然一名考古队

图1-4 李济

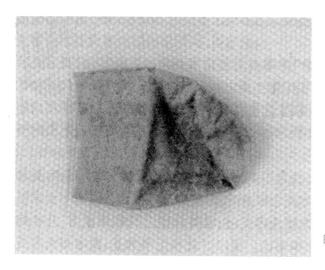

图1-5 半个蚕茧
（山西西阴村遗址出土）

员从遗址中发现了一件类似花生壳状的物体，引起了众人的关注。这是一颗被割掉了一半的丝质茧壳（图1-5），茧壳长约1.36厘米，茧幅约1.04厘米，切割面极为平直，虽然部分已经腐蚀，但仍然很有光泽。

很快，西阴村发现了半个蚕茧的新闻飞过千山万水，传到了世界各地，引起了巨大的轰动。1927年初，李济和北大地质学家袁复礼等将西阴村发掘出土的文物装箱，经过艰难的长途跋涉运抵北京，半个蚕茧也在其中之列。回到北京后，李济特地邀请了清华大学生物学教授、著名昆虫学家刘崇乐先后几次对蚕茧进行了鉴定。李济在《西阴村史前的遗存》一书中也提到了此事："清华学校生物学教授刘崇乐先生替我看过好几次，他说他虽不敢断定这就是蚕茧，然而也没有找出什么必不是蚕茧的证据。与西阴村现在所养的蚕茧比较，它比最小的还要小一点。这茧埋藏的位置差不多在坑的底下，它不会是后来的侵入，因为那一方的土色没有受扰的痕迹；也不会是野虫偶尔吐的，因为它经过人工的割裂。"为了得到进一步的证实，1928年李济访问美国时，又把它带到华盛顿的斯密森学院进行检测。经鉴定也确认为蚕茧，证实了刘崇乐的判断。

1967年，日本学者布目顺郎在得到了为茧壳拍摄的反转片后，对它做了复原研究，测得原茧长1.52厘米，茧幅0.71厘米，被割去的部分约占全茧的

17%，推断是桑螵蛸，也就是一种野蚕茧。另一位日本学者池田宪司却在通过多次考察后认为，这是一种家蚕茧，只是当时的家蚕进化不够，茧形还较小。关于切割蚕茧的目的，日本学者藤井守一认为，与蚕茧同时期出现的纺轮可以将断丝纺成纱线，把茧壳割成半截，原因或许就在于此。

但是关于这个当时发现的最古老的蚕茧，中外考古学界还有些不同的看法。有部分学者质疑当时发掘的科学性，认为蚕茧是后世混入的，其年代应该晚于仰韶文化。对于蚕茧切割的用途，后人也有许多猜测，一种说法是生活在西阴村的原始人用石刀或骨刀将蚕茧切开的目的是取蛹为食，而非利用蚕丝。这一观点可以从一些民族学的材料中得到支持。在四川省大凉山有一支部落，他们就是先开始采集蚕蛹为食料，后来才养蚕抽丝，因此自称为"布朗米"，意为吃蚕虫的人。

随着考古事业的推进，特别是十九世纪八十年代，河南荥阳青台村丝织物残片的出土，证明早在距今五千五百多年的黄河流域就已经出现了原始的蚕桑丝绸业，说明了半个蚕茧在年代上的可能性。这半个蚕茧最初由清华大学的考古陈列室保存，现珍藏于台北故宫博物院。几十年来一直以仿制品代替展出，只在1995年李济百年诞辰时展出八天，以示纪念。

三、最早的织物

中国纺织历史悠久，根据考古发现的实物，可知至少距今六千多年前就有纺织品存在。

目前发现最早的纺织品为葛、罗、绢及丝线。

草鞋山葛布

江苏省苏州市唯亭镇陵南村阳澄湖南岸有一处草鞋山遗址，因为堆积厚、内涵多而被中国考古界称为"江南史前文化标尺"。1972年10月至1973年7月，南京博物院、南京大学历史系、苏州博物馆和吴县文物管理委员会先后两次对它进行了发掘，出土了已炭化较严重的稻谷和大量陶、玉等材料制成的生产工具、装饰品等文物；最为难得的是遗址中还出土了三块罗纹葛布，经线密度为10根

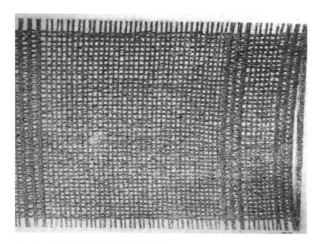

图1-6 草鞋山出土的葛织物复原图

/厘米，纬线密度地部为 13～14 根／厘米、纹部为 26～28 根／厘米，虽然制作于距今六千多年前的新石器时代，但在今天看来依然技艺精湛。这也是目前所发现的中国最早的纺织品（图 1-6）。

青台村罗织物

迄今为止，全世界发现最早的丝绸织物出土于河南省荥阳县青台村仰韶文化遗址。1984 年，郑州考古所在此发掘出一块浅绛色的罗织物，距今已有五千六百多年的历史（图 1-7）。后来，上海纺织科学研究院对这块丝织品进行了专门研究，发现这块罗织物使用了左右经线相互绞绕的组织结构。这种结构起源于渔猎时代的网罟，其特点是质地轻薄、结构稀疏。而这块织物呈现的浅绛色，据专家推测，是先经过练丝再染色而形成的，所用可能是赭铁矿一类的颜料。这块罗织物发现于婴幼儿瓮棺中，用来包裹儿童的尸体。在古代，中国先民认为蚕的一生——由卵到蚕，作茧自缚而成蛹，破茧而出羽化成蛾，是和天地生死联系在一起的，所以有"布以养生，帛以送死"的传统。因此推测先民们拿这块罗织物来包裹儿童尸体，原意也是希望死者灵魂能够升天。

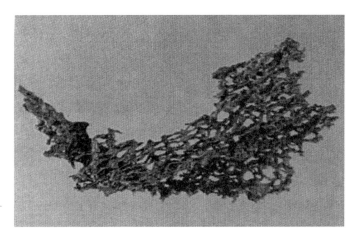

图1-7 罗织物残片
（河南青台村出土）

荥阳这件罗织物的出土是纺织考古史上的一个重大发现，证明了在公元前三千六百年黄河流域已经出现原始的蚕桑丝绸业，使文献中有关黄帝及嫘祖"育蚕、取丝、造机杼作衣"的传说在河南有了实物佐证。那么作为中华古老文明的另一重要起源地——长江流域，是否一样也诞生过功被千秋的原始蚕桑丝绸业呢？湖州钱山漾遗址的发掘，为解答这个问题提供了重要线索。

钱山漾绢片

钱山漾遗址位于浙江省湖州市以南7公里处，距杭州约30公里，属于新石器晚期的良渚文化，是长江下游流域最为著名的古文化之一。从1956年到1958年，考古工作者对它进行了两次较为全面的发掘，出土了距今大约四千七百多年的丝线、绢片，以及用丝线编织而成的丝带。根据鉴定，其中的丝线属于家蚕丝，丝带以人字纹斜编而形成绢片，为平纹组织，是迄今为止发现的长江流域最早的丝绸产品（图1-8）。2005年，考古人员又对钱山漾遗址进行了第三次发掘。这次发掘出土了一团长度约7厘米的丝线（图1-9），属于距今大约三千多年前的马桥文化时期。

图1-8　绢片（钱山漾遗址出土）　　　　图1-9　丝线（钱山漾遗址出土）

　　这些丝织物的可靠性得到了纺织界和考古界的一致认可，证明了中国传统纺织技术的源远流长。

第二章
天纱灵机——原料机具

　　中国先民们在六千多年前就已经利用天然纤维进行纺织。而这种神奇和巧妙的纺织技术离不开织机、机具的发明和不断改进，代表了人类的聪明和智慧，显示了纺织技术提高和发展的脉络。中国文字中"织机"的"机"字繁体为"機"，就是一台织机的形象。这个象形文字的产生，也许就为该织机而用的吧。机器、机具、机关、机构等词，再衍生出机智、机灵、机敏、机巧等象征聪明灵动的词汇。织机在古人心目中就是智慧的结晶，而人通过一台织机就能创造出如此绚丽多彩的丝绸，确实是一个奇迹。

一、天然原料

古代最早用于纺织的材料主要是天然的植物纤维和动物纤维。根据科学考古而提供的实物资料来看，中国从新石器时期开始，使用最广泛的应属丝、毛、棉、麻纤维。其中以丝纤维和毛纤维制成的纺织品最为高档，常被宫廷、达官贵人所使用，平民百姓则用麻布和棉布。汉桓宽《盐铁论·散不足》记载："古者庶人耋老而后衣丝，其余则麻枲而已，故命曰布衣。"诸葛亮《出师表》谓："臣本布衣，躬耕于南阳，苟全性命于乱世，不求闻达于诸侯。"这里的"布衣"指的就是平民百姓。在元代以前，布衣大多为麻布衣服；以后，棉布流行，成为大众日常服装。

●●●● 丝 ●●●●

丝是人类利用最早的动物纤维之一，是由熟蚕结茧时所分泌的丝液凝固而成的连续长纤维，也称为"蚕丝""天然丝"。"蚕丝"包括桑蚕丝、柞蚕丝、蓖麻蚕丝等，以桑蚕丝的使用为最多（图2-1，图2-2）。一般桑蚕就是以桑叶为食粮的蚕，其蚕卵孵化成蚁蚕后，在25~30天内经过5个龄期，脱4次皮，发育成长为5龄蚕，再经过6~8天的喂养，皮肤透明，成为熟蚕。熟蚕经过2~3天吐出1000米左右的丝，结茧成蛹，可谓"春蚕到死丝方尽"。蚕丝的吸湿性好，用丝织成的纺织品柔软光滑、艳丽华贵，直至今日，始终被人们视为高档的纺织原料。

中国是世界上最早开始栽桑、养蚕、缫丝、织绸的国家，至少在距今五千年前就开始利用蚕丝织制精美的丝织品。因为养蚕艰辛，且蚕儿吐丝不易，更

图2-1 蚕丝纤维的纵向

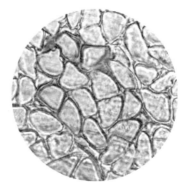

图2-2 蚕丝纤维的横截面

可能蚕从卵到蚕、作茧成蛹、破茧化蛾的一生的生命周期与人的生死、灵魂升天的情形相似，起初，可能先民们认为丝绸是能与天沟通的物品，所以人在50岁以后或死后才可以穿丝绸衣服。丝绸更多的功能是用于祭祀。《礼记》中就说"治其麻丝，以为布帛，以养生送死，以事鬼神上帝"，说明以麻织成的布与用丝织成的帛的用途不同，麻布是生前穿的服装，丝帛是死后用的衣物。因此，经考古发掘的早期服饰，其图案都带有神秘的色彩。随着纺织技术的不断发展与生产力的提高，丝绸逐渐成为帝王们代表身份的服装而在朝廷或日常生活中穿用，此后更慢慢走向民间，进入富贵人家。

●●●麻●●●

麻纤维主要包括草本双子叶植物皮层的韧皮纤维和单子叶植物的叶纤维（图2-3，图2-4）。用作纺织材料的主要是韧皮纤维，包括苎麻、亚麻、黄麻、大麻、

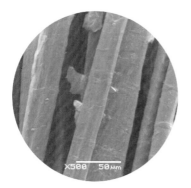

图2-3 苎麻纤维的纵向

图2-4 苎麻纤维的横截面

荨麻等。麻纤维是最早被人类所利用的纺织纤维。古埃及人在8000年前就有使用。中国在新石器晚期也开始进行人工种植大麻，到商周时期，对大麻的种植技术、纤维质量、沤麻工艺都已有深入的了解，技术日趋完备。这些在《诗经》《周礼》中均有记载。《禹贡》和《周礼》中还记载了周代曾以纻充赋。河北藁城台西村商代遗址中就有大麻织物出土。长江流域和黄河流域也有一定量的麻织品出土，如陕西宝鸡、扶风就出土有麻布，长沙战国楚墓、福建武夷山船棺也出土了战国时期的麻布。江西靖安东周墓也出土有麻织品，经检测主要为苎麻。麻纤维已成为商周时期广大劳动人民的常用纺织材料。周代的统治阶层为了表示俭朴，也制作麻布衣服，罩在锦衣绸衫的外面；或用麻布制作丧服（俗称"披麻戴孝"），以示深切哀悼时不敢穿好的衣服。至今，这个习俗还有保留。关于"披麻戴孝"的来历，还有这样一个传说：

在太行山南面，居住着一位早年丧夫的妇人。她有两个儿子，母亲含辛茹苦把他们养育成人，但他俩成家以后不孝敬老母，还总在母亲面前夸口："等娘过了，要好好热闹一番，让娘睡楠木棺材，要穿红戴绿，为娘作七七四十九天道场……"这位母亲知道他们说的是假话，就把两个儿子叫到床前说："我死后不要你们花一文钱，用破草席把我一卷扔到阴水洞里就行了。不过你们要从今日开始，天天看着屋后面槐树上的乌鸦和山树林里的猫头鹰是怎样过日子的——一直到我闭了眼为止。"一听不花一文钱，他俩马上答应了。

兄弟俩出工收工时便不由自主地注意起来。原来，乌鸦与猫头鹰都是细心地喂养自己的孩子，这些幼雏每天吃着母亲用嘴衔来的食物。小家伙们长大以后，小乌鸦还不错。乌鸦妈妈老了飞不动，觅不到食，小乌鸦就让它待在家，自己衔来吃的填在它嘴里；等到小乌鸦老了，又有它自己的孩子来喂养它。这样反哺之情，代代相传。而小猫头鹰却截然相反。母禽老了，小猫头鹰就把母禽吃掉。令人伤心的是，小猫头鹰后来也被自己的孩子吃掉。这样反咬一口，一代吃一代。兄弟俩看了这样的情景，想想如今自己这样对待母亲，将来孩子也这样对待自己怎么办？于是，他们渐渐地改变了对母亲的态度。可是，兄弟俩孝心刚起，母亲却过世了。为了表示愧疚和孝心，安葬那天，他们不是穿红戴绿，而是模仿乌鸦羽毛的颜色，穿一身黑色衣服，模仿猫头鹰的毛色，披一件麻衣，并下跪拜路。从此以后，这个风俗就流传开来。假如穷，买不起黑衣服，就裁一条黑布戴在胳膊上。

◦◦◦◦ 棉 ◦◦◦◦

棉纤维是锦葵科棉属植物的种子纤维，原产于亚热带（图2-5，图2-6）。棉花的原产地是印度和阿拉伯。人类利用棉的历史很悠久，棉花种植最早出现在公元前5000年至公元前4000年的印度河流域。

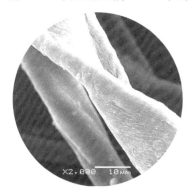 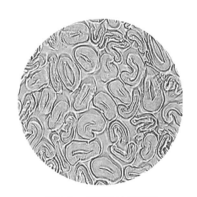

图2-5　棉纤维的纵向　　　　　　　　图2-6　棉纤维的横截面

棉及棉织物在我国南方古代大多称为"吉贝"，而在北方则名为"白叠"，都是梵语的音译。吉贝是梵语 Karpasi 或 Karpasa 的音译，白叠是梵语 bhardvdji 的音译。中国古代棉种及其织物，最初从古印度传入。关于棉布早期的称呼，一般都认为是出自某种外来语的音译。

棉有两种不同种类。一种是草本的（草棉），主要使用在西域与河西走廊一带。自东汉、魏晋南北朝至唐代的西域棉织品，在新疆均有不少出土，主要有印花布、白布裤、白手帕等。《新唐书·高昌传》载："有草名白叠，撷花可织为布。"河西走廊一带使用棉花的情况，在敦煌文书中也有不少反映，棉织物在敦煌纺织品中也有见到。

另一种是乔木类的（木棉），宋代时从南海传入。从公元八世纪起，该种类棉花在中国得以广泛种植。关于木棉较早的文献记载，见于南宋《宋书·蛮夷传》。目前所知较早的木棉织物为浙江兰溪南宋秘书丞荆湖南路转运使潘慈明夫妇墓中出土的棉毯。到了元代，关于木棉的文献记载逐渐多见。《农桑辑要》专门记载了木棉的栽种方法,木棉入于正赋。元代初年,朝廷把棉布作为夏税(布、绢、丝、棉)之首,还专门设立木棉提举司,向人民征收棉布织物,每年的数量多达 10 万匹,当时的棉布已成为广大民众主要的纺织面料。至明代,朝廷继续劝民植棉,组织出版植棉技术书籍,广为征收棉花和棉织物。明代宋应星的《天工开物》中就有"棉布寸土皆有""织机十室必有"的记载,可见当时植棉和棉纺织已遍布全国。

元代棉纺织业的勃兴 链接

中国境内的棉花种植首先开始于海南、云南等少数民族地区,制棉工具、制棉方法的应用也是如此。东汉时期,新疆地区的棉花种植和纺织开始发展起来,但是历经汉唐两宋,棉花的种植和纺织一直局限在边远地区,发展缓慢。元代,由于元世祖忽必烈采取了一系列提倡种棉的重农政策,中国的棉纺织业得到了迅速的发展。棉花种植和纺织技术沿着西北、东南两个方向传播到内地:新疆的棉花经玉门关移植到陕西,再由陕西移植到河南;海南的棉花经闽广,分两支进入长江流域。其中一支越过武夷山脉传入江西;另一支经水陆两路传入松江府的乌泥泾,并由此进入江浙两地及淮南地区,为明清时期华北和华中棉区的形成,以及棉纺业在这一带的大发展奠定了基础。

江西行省(包括今江西和广东东部)是元代棉纺织业最为发达的行省,大德十年(1306)政府在江西吉州路、临江路和买布匹,仅吉州路一地收到的和买税款就有 263 锭 1 两 2 钱 1 分,另有 46 锭 28 两 5 钱 1 分的布税失收。按照当时的制度,以税率较低的三十税一计算,吉州路和买棉布的价值达到 7890 余锭,折合 394500 贯,以当时一匹棉布价值 7 贯计算,折合棉布 56357 匹,再加上失收布税的棉布折合 9857 匹,在吉州路一次和买的棉布超过 66000 匹之多,可见当地植棉纺织业的兴盛。而地处江东地区的松江府,自从贞元年间(785—805)黄道婆从海南崖州带回较为先进的生产技术并改良生产工具后,当地的植棉纺织业发展迅速,大概到元代后期,黄浦江流域有一半的土地用于植棉,家家户户采花织布,植棉纺织业的中心开始从赣江流域东移到长江三角洲地区（图2-7）。

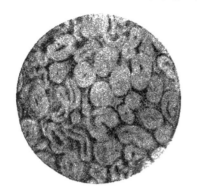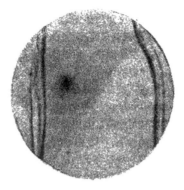

图2-7　浙江海宁硖石出土的元代棉纤维图

　　棉花生产的迅速发展极大地改善了普通百姓的生活。元代以前，由于棉花和棉布的产量少，丝织品价格高，而麻织品既粗糙又易破，一般的贫穷百姓不得不用纸做衣帽。当时的诗词中就有"楮冠布褐皂纱巾""幸有藜烹粥，何惭纸为襦"之类的描述。所谓"楮"是当时造纸的主要原材料，"楮冠"指的就是纸做的冠帽。此外还有纸帐、纸被、纸衣等。到了元代，棉织物因为质优价廉而受到欢迎，从流传下来的诗词中，可以看到当时士庶和广大贫民的衣服、被子、鞋袜都是用棉布做成的，甚至军队和狱中囚犯的衣被也是用棉布制成的。另一方面，在一些靠近产棉区的城镇，不少贫民均以"织纱为业"，成为独立的小手工业者；也有一些手工业者自备原料和设备，雇佣若干工人，开办棉纺织手工工场（图 2-8，图2-9）。"我有大布衣，不忧天早霜"一语道出了人们的喜悦心情。

　　生产的迅速发展带来了棉布贸易的兴盛，元代在全国各地的市场上有不少棉织物售卖。如：泉州、福州等地出产的棉布和铁条作为土产运往上海；福州生产的棉布"是由五颜六色的棉纱织成的，行销蛮子省各个地方"；松江棉布，商贾贩鬻，成为远近闻名的商品；新疆的棉布在市场上甚至可以起到一般等价物的作用，用来交换其他商品。同时，棉布

图2-8　元代木棉弹弓

图2-9 元代织布机

也是对外输出的大宗商品，据《至正四明续志》记载，在当时与元廷有贸易往来的140多个国家和地区中，有很多使用了元朝输出的棉花和棉布。高丽等国还通过使臣从元朝引入棉种，在其国内积极推广，使得本国人民除丝绸外还能穿上棉布衣服。

短短数十年间，棉花栽培和纺织遍布神州大地，在今江苏、安徽、浙江、江西、福建、广东、广西、海南、四川、云南、贵州、湖北、湖南、河南、山东、陕西、新疆等地迅速发展起来，棉布成为行销各地的大宗商品，不仅活跃了城乡经济，改善了百姓的衣着质量，同时通过对外交流，也丰富了世界其他国家人民的生活。

黄道婆

黄道婆，宋末元初知名棉纺织家。由于传授先进的纺织技术，以及推广先进的纺织工具，而受到百姓的敬仰。黄道婆是松江府乌泥泾镇（今上海徐汇区华泾镇）人，出身贫苦，少年时受封建家庭压迫，流落崖州（今海南岛），以道观为家，劳动、生活在黎族姐妹中，并师从黎族人，学会了运用制棉工具和当地织制棉布被的方法。黄道婆在海南岛从黎族人那里学会织棉技术和使用工具后，于元朝初年（1271）返回内地，并教导乡邻制棉和织棉的技术（图2-10，图2-11）。黄道婆的家乡原先因为土地贫瘠，生业困难，而从闽广引种的木棉又由于制棉工具和技术不精，棉纺织也较为落后。黄道婆回来后，其新技术和新工具得以推广，棉纺织业渐为发达，人们的生活也过得比以前更为富足。也正是由于这个原因，黄道婆死后，乡人为她立了祠堂以资纪念。黄道婆的事迹较早见于陶宗仪写的《南村辍耕录》。

图2-10 元代木棉纺车　　　　　　　　图2-11 元代軠车

毛

　　人类利用毛纤维的历史非常悠久。羊毛很早就作为主要的毛纤维（图2-12，图2-13），在古代从中亚、西亚向地中海，以及世界其他地区传播。中国也是很早利用毛纤维进行纺织的国家之一。《诗经·幽风·七月》曰"无衣无褐，何以卒岁"，此处的"褐"，经学者解说，即为粗毛织物。

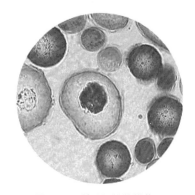

图2-12 羊毛纤维的纵向　　　　　　图2-13 羊毛纤维的横截面

　　在中国境内发现的最早毛织品是距今三千八百年，位于新疆塔克拉玛干沙漠东侧的孔雀河古墓沟出土的毛布和斗篷。小河墓地被称为有着"上千口棺材的坟墓"，也出土有毛织的腰衣、缂织斗篷等。这些织物，毛线粗细均匀，织制平整，边饰流苏，并且采用缂毛技术，说明从捻线到织造的技术已比较娴熟，充分表明毛纤维的使用年代应该更早。

在新疆境内，属于汉晋时期的毛织品更是较大量地被发现，且末扎滚鲁克墓地、洛浦山普拉墓地、营盘墓地等处均有精美的毛织品出土，品种有平纹、斜纹和缂织等，有的以彩色的纬线显花。

毛织品随着丝绸之路的发展，中西织造技术与品种，以及纹样的相互交流和融合，后来成为新疆等西北地区的特色纺织品，敦煌等地区均发现有一定量的毛织品。

二、奇妙织机

在古代人们从没有机架捆绑在人的腰部进行织布的原始腰机开始，努力发挥聪明才智，不断改进织机构造，使生产力快速提高，是织机发展的历史，同时也代表了纺织技术的发展历史。

●●●原始腰机●●●

原始腰机是纺织机器中最古老的织机。它以人来代替支架。织造时，织工席地而坐，以两脚蹬充当经轴的一根横木，另一根充当卷布轴的横木则用腰带缚在织工的腰上，以控制经丝的张力。以手提的方法将综杆提起，并通过分经棍把经丝分成上下两层，形成自然开口，进行投梭引纬，并用木制砍刀，也就是打纬刀进行打纬。原始腰机已经具备织造中最基本的开口、引纬、打纬三种运动功能，并辅以人工的取经和送经运动，以达到织造的目的。

完整的原始腰机尚未发现。目前所知最早的考古实物是距今七千年的浙江河姆渡遗址出土的木机刀、卷布轴等多种部件。最为完整的则应属浙江余杭反山良渚 M23 墓中发现的织机玉饰件。玉饰件共有三对六件，出土时相距 35 厘米。有学者从饰件的截面分析复原，推测饰件应为腰机的卷布轴、开口杆、经轴的两头端饰。中间部位的卷布轴、开口杆、经轴因是木质材料，已经腐朽，所以没能保留下来（图 2-14）。云南石寨山出土的青铜贮贝器上就可以看到织工用原始腰机织布的形象（图 2-15）。

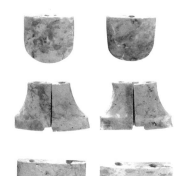

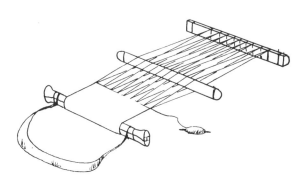

图2-14-A 新石器时期 原始腰机
玉端饰（浙江余杭反山出土）

图2-14-B 原始腰机复原图

图2-15-A 贮贝器盖上织布人物临摹图

图2-15-B 西汉 纺织场景青铜贮贝器局部
（中国国家博物馆藏）

敬姜说织

文伯相鲁，敬姜谓之曰："吾语汝，治国之要，尽在经矣。夫幅者，所以正曲枉也，不可不强，故幅可以为将。画者，所以均不均、服不服也，故画可以为正。物者，所以治芜与莫也，故物可以为都大夫。持交而不失，出入不绝者，梱也。梱可以为大行人也。推而往，引而来者，综也。综可以为关内之师。主多少之数者，均也。均可以为内史。服重任，行远道，正直而固者，轴也。轴可以为相。舒而无穷者，摘也。摘可以为三公。"文伯再拜受教。

——《列女传》卷一

丝绸织造在中国古代社会生活中占据十分重要的地位，所以古人往往用丝绸织造等比喻治国。这个故事讲述的就是文伯的母亲在文伯将去鲁国做官的时候，以织造做比喻来告诉文伯该如何主政。同时，这段文字也是中国古代织机的重要记载。据学者考证，这段文字中所提到的八种织具与经丝直接相关：幅，即幅撑；画，即为箱；物，也就是弗或棕刷；梜，即开口杆；综，即综杆；均，即分经木；轴，即卷轴；摘，即经轴。同时，学者还考证此织机为双轴织机，更精确地说是一种水平式双轴织机。双轴织机是介于原始腰机和踏板机之间的一种过渡形式，在中国织机发展史上占有重要的地位。而双轴织机的形象，也在西域的考古实物中见到。二十世纪初英国探险家斯坦因在我国新疆丹丹乌里克遗址中掘获的画板中，有一块著名的传丝公主画板，画面右端画有一个织女，她的面前就有一台双轴织机。

踏板织机

为了让织工的身体和双手从织机上解放出来，用于投梭、打纬等步骤，提高生产力，人们发明了机架，使人的身体得以解放。大约在战国时期，又将织工的双手从提拉综杆中解放出来，设计了用脚踏板来传递动力以拉动综杆而进行开口。这一发明被英国著名科学家李约瑟博士誉为中国对世界纺织技术的一大贡献。

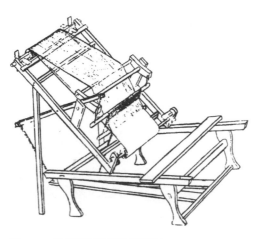

踏板织机主要因机身和经面的形制有倾斜、垂直、平卧不同，而分别被称为斜织机、立机、平织机三种。它们的共同特点是均有踏脚板，基本原理是用踏板控制提综，达到开口的目的（图2-16）。三种不同的机型，在提综装置上略有区别。

斜织机的机型在山东滕州宏道院、黄家岭、嘉祥县武梁祠，江苏

图2-16 汉 斜织机复原图（夏薰）

铜山洪楼、泗洪县曹庄，四川成都曾家包等处的汉代画像石上都有较大量的发现。这些图像大多描绘的是曾母训子的故事，说明当时斜织机应用已比较广泛（图2-17）。

图2-17　东汉 纺织图像画像石拓片

关于立机，可以在敦煌文书中见到"立机一匹""好立机"等记载。它与其他织机最大的差别是经面垂直、经轴可以升降，在敦煌壁画上可以找到立机的图像。元代薛景石的《梓人遗制》对立机做了十分详细的记载，并留下了图像，学者赵丰还据此做了复原（图2-18）。

平织机也称为卧机，其经面基本平卧，由两块踏板控制两片综，形成上下两个开口，较方便织制平纹织物。这种踏板双综机大约从唐代开始出现，以后经过不断的改进与革新。相传南宋梁楷的《蚕织图》与元代程棨本《耕织图》中，都绘有此类踏板双综机。同时，约在元代和明代在机顶添加了杠杆，使其与综片、踏板联动，使得开口更便利、清晰。这类织机在中国民间流传很久，约在二十世纪三四十年代尚有存在。

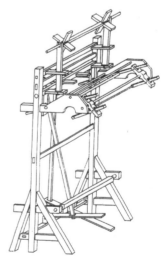

图2-18　根据元《梓人遗制》复原的立机（赵丰）

孟子之少也，既学而归，孟母方绩，问曰："学何所至矣？"孟子曰："自若也。"孟母以刀断其织。孟子惧而问其故。孟母曰："子之废学，若我断斯织也。夫君子学以立名，问则广知，是以居则安宁，动则远害。今而废之，是不免于厮役，而无以离于祸患也。何以异于织绩食？中道废而不为，宁能衣其夫子而长不乏粮食哉？女则废其所食，男则堕于修德，不为盗窃则为虏役矣！"孟子惧，旦夕勤学不息，师事子思，遂成天下之名儒。君子谓孟母知为人母之道矣。

——《列女传》卷一

近似的记载也见于《韩诗外传》卷九，与《列女传》稍有差别，其曰：

孟子少时，诵，其母方织。孟子辍然中止。有顷，复诵。其母知其喧也，呼而问之："何为中止？"对曰："有所失，复得。"其母引刀裂其织，曰："此织断，能复续乎？"自是之后，孟子不复喧矣。

这个故事说的是孟子小时候放学回家，孟母正在织布，就问孟子："学习怎么样了？"孟子答道："和过去一样。"孟母就将织了一半的布用刀割断了。孟子感到害怕，就问母亲为什么这么做。孟母答道："你荒废学业，就像我割断所织的布一样。有德行的人学习是为了树立名声，问学是为了使知识广博，这样才能居处安宁，做事才能远离祸害。你现在对学问不长进，以后不免于做这类体力活，并且不能远离祸患，与靠织布过活又有什么区别呢？我半途而废，难道可以让你衣食无忧么？女子荒废其所以养家的技艺，男子则放弃自己的进德修业，以后不是强盗小偷就是奴仆贱隶！"孟子听后非常惊恐，以后就勤于学问，拜子思为师，于是成为天下的大儒。

中国古代社会很早就有了男女的明确分工，以至于后世用"男耕女织"来形容，由此可知织布在古代妇女生活乃至社会生活中的重要地位。古时妇女的主要职责就是织布兼做女红，孟母用割断所织的布这一举动深刻地教育了孟子，使得孟子勤于学问，终于成为一代大儒。

越人娶织妇 鏟鑊

初，越人不工机杼，薛兼训为江东节制，乃募军中未有室者，厚给货币，密令北地娶织妇以归，岁得数百人，由是越俗大化，竞添花样，绫纱妙称江左矣。

——《唐国史补》卷下

长江流域是唐代生产绫织物的重点地区，尤其是越、润、苏、湖、杭、睦、常、宣、明等州，也就是现在的江浙等地最为突出。早在开元、天宝年间（713—756），长江流域下游地区的绫织物生产就已有相当高的水平；到唐朝后期，绫织物的生产更为发达。《唐国史补》中的这个故事表现的就是长江下游等地绫织物生产发达的一个原因。其中讲到薛兼训当政时让未结婚的军人娶北方工于纺织的女子为妻，一年之中就有数百人，从而带动了越地纺织品的发展。当然，也有学者认为，《唐国史补》中的记事过于强调北方对南方的影响，南方纺织业的发展是长期积累的结果，是当时经济重心南移的表现。

马钧 鏟鑊

时有扶风马钧，巧思绝世。……为博士居贫，乃思绫机之变，不言而世人知其巧矣。旧绫机五十综者五十蹑，六十综者六十蹑，先生患其丧功费日，乃皆易以十二蹑。其奇文异变，因感而作者，犹自然之成形，阴阳之无穷，此轮扁之对不可以言言者，又焉可以言校也。

——《三国志·方技传》

我国汉代的绫机，是一种多综多蹑式提花机，即用多根踏脚杆（蹑）来控制多片综框，以织出较复杂的花纹。综蹑数一般为五十或六十，因而机构复杂，操作速度很慢。最复杂的见于《西京杂记》的记载："霍光妻遗淳于衍蒲桃锦二十四匹，散花绫二十五匹。绫出钜鹿陈宝光家，宝光妻传其法。霍显召入其第，使作之。机用一百二十蹑，六十日成一匹，匹直万钱。"马钧感到这种绫机耗工耗时，就着手改革。从文献记载看，马钧的改革主要是减少了踏脚杆数量，而综片数保持不变，把六十综并成十二综，还改革了一些别的装置，比旧的织机效率提高了十二倍以上。也就是说，只需要用"十二蹑"就可以控制五十到六十片综框，而织出的纹样可以变化无穷。

⬤⬤ 花楼织机 ⬤⬤

丝绸绚丽多彩，其图案是如何织成的？其实，花纹的来源是"花本"起了主要作用。

明代宋应星在《天工开物》中对"花本"有非常精辟的解释："凡工匠结花本者，心计最精巧。画师先画何等花色于纸上，结本者以丝线随画量度，算计分寸秒忽而结成之。张悬花楼之上，即织者不知成何花色，穿综带经，随其尺寸、度数提起衢脚，梭过之后居然花现。"花本是工匠按照设计师的画稿，用提花杆、线、纸板、钢针等材料，按一定的规律储存图案的信息，再将这些信息装置在织机上，可以反复、循环使用。犹如当今的计算机，将编好的程序安装在计算机上一样。最初，用一根根骨、竹、木质的挑花杆或综杆（综框）来储存，可以织一些简单的几何纹。需要织制较大的纹样时，又将竹竿或线悬挂在一个圆柱体的竹笼上，或者像帘子一样挂在织机上，称为低花本。而《天工开物》中所指将花本悬挂在花楼上的织机，即为花楼机。

花楼机经面平直，机身高大，分为两层。上层犹如小小的高楼，上面悬挂花本。一位工匠，也称拉花人，坐在花楼之上，根据纹样要求，用力向一侧拉动花本，控制提花。花楼之下有数片地综，由坐在机前的织工用脚踏控制，并进行投梭和打纬。花楼机可分为小花楼和大花楼两种，小花楼机相对于大花楼机而言，织制的图案小些。而织龙袍类的袍料时，花纹循环需要极大，所以储存花本信息的耳子线也特别多，就需用大花楼机（图2-19）。根据宋人《蚕织图》留下的图像，以及对出土纺织品文物的分析研究，小花楼机应于隋末唐初时就存在了，而明代大量的御用云锦织制使用的就是大花楼机。

图2-19 宋人《蚕织图》中的大花楼双经轴提花机

据学者推测，电报信号的传送原理和计算机储存信息的原理，均有可能受到中国古代线制花本、纹板花本装置的启发。由此可见，中国提花织机技术的发明对世界近代科技的发展有着重要的作用。

贾卡织机

近代以前，中国的丝织提花技术一直领先于世界水平。早在唐代，使用线制花本来储存织造程序的束综提花织机已经出现。它的提花原理是用一根花本横线来储存一梭纬线的提花信息，花本中的直线越过横线表示提升，反之不提升。织造时，拉花工一根接一根地拉动横线，就可以将编制在花本上的全部信息转移到织物上，形成图案。明清时盛行的花楼织机就是在此基础上发展起来的。

大概在十二世纪，束综提花机通过西西里和威尼斯传入欧洲。然而这种机式需要人工挽花结本，织造时还需要两人配合，费时费功。为了提高生产效率，欧洲人开始在束综提花机上进行各种各样的机械化试验。1687年，一个名叫约瑟夫·梅森（Joseph Mason）的英国人申请了专利。虽然他的发明并不实用，但这是最早进行的提花织机机械化尝试。第一个被普遍认可的提花机械装置是由一个名叫布雄（Basile Bouchon）的法国人于1725年根据挑花结本手工提花机的原理发明的。这种装置通过穿过纹针针眼的吊综来直接控制经线的提升（图

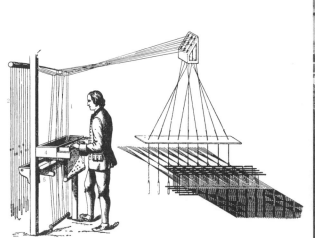

图2-20　布雄发明的提花机械装置　　　　　　图2-21　贾卡

2-20）。后来，法尔孔（Falcon）和沃康松（Jacques de Vaucanson）等人对它进行了改进。到十八、十九世纪之交,法国人贾卡（Joseph Marie Jacquard,图 2-21）在综合前人研究的基础上，发明了一种由踏板控制的自动提花开口机械，称作贾卡织机。这是一台能够真正实际操作、结构合理、方便易行的新织机，它的核心技术是"冲孔纹板"系统。该系统把每一梭纬线织入时经线提起与否的信息转化为纹板上的孔洞。与此相配合的是一套纹针系统，纹针下吊着与经线相连的综丝，然后通过凸轮装置，凸轮每一回转，纹针与纹板贴合一次，纹针穿过纹板上打孔的地方，提起下面吊着的综丝，综丝再把它所连着的经线提起，形成一个梭口，织入纬线……如此周而复始，花样就织出来了（图 2-22）。这一在今天看来貌似简单的技术，实际上将原来必须由人工来完成的拉花过程真正机械化了，它的发明大大简化了提花工艺。

　　清末时，法国产的全铁织机已零星输入中国国内，但似乎还无人使用，当时在生产中大量采用的仍是传统木机。直到民国前后，一种经日本改造的新式提花织机开始被引入中国。从日本进口的这种织机上面装有贾卡提花装置，俗称"龙头"，通过用手拉绳来形成梭口而织入纬线，因此又称为"拉机"（图 2-23），用它织出的花样的细致美观程度大大超过中国传统提花织物。

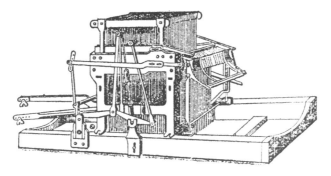

图2-22 单花筒复动式贾卡提花装置

沪杭等地的丝织业对此反应迅速，振兴绸厂、肇新绸厂、纬成公司等纷纷引进新式织机；后来又引入以电力作为动力的新式织机，称为"电力织机"（图2-24），主要是日产的重田和津田两种机型。最初，贾卡织机上所用的纹板要到外商的花板专售店购买，售价高昂。这种情况随着海天、日新等专业纹工所的发展和机织纹工等专科的设立而得以扭转。而用来轧制花板的雕花机，开始为日货，后来也国产化了，但纸板因为质量问题，还是以进口为主。当时曾有人写诗描绘了贾卡织机使用的盛况，称"机轴纷纭只手提，新翻花本妙端倪。洛阳纸贵千金值，针刺成纹法泰西"。

图2-23 提花龙头和纹板

图2-24 电力织机

从贾卡式手拉机进入中国到采用电力提花织机，仅仅用了十年左右的时间，而它的传入和应用不仅顺应了时代的需求，也标志着中国传统丝绸生产技术向现代化的转变，为民国时期各种新型织物的产生和发展提供了技术支持。

第三章
锦绣罗绮——纺织品种

  通过织机的巧妙装置,可以织出各种不同组织结构和丰富图案的纺织品。葛、麻、毛织品以平纹类织物和编织物为主,如毛织物有罗、罽、起绒类织物和缂织物等。而品种最多样、复杂和神奇的当数丝织品,丝织品种几乎涵盖了毛、麻、棉织品中的绝大多数结构种类。一般根据不同的织物结构区分为平纹、斜纹、绞经、缎纹和起绒组织等大类。从新石器的罗、绢,到战国秦汉时期的刺绣、经锦、轻纱,唐代的绫、纬锦、染缬,辽宋元时期的缂丝、纳石失、暗花缎,明清时期的妆花、绸、织锦缎,直至民国时期的像景,经过几千年的不断开发创新与丰富完善,形成了纷繁璀璨的纺织品种。

一、绫罗绸缎

纺织品采用经、纬两个方向的纱线，按一定规律进行交织后形成各种品种。绫罗绸缎是纺织品中常见的品种类别，也是一种对丝绸的统称。

●●经锦●●●

织彩为文（纹）曰锦。锦是一种有彩色花纹的丝织品。中国最早出现的锦的种类是经锦，因为经线显花而得名（图3-1）。早在战国时期，中国生产的平纹经锦就已随丝绸之路传入沿途各国，俄罗斯巴泽雷克墓地曾出土过约公元前五世纪的中国织锦。在锦上织入汉字是汉晋时期的一大特色（图3-2）。汉代人比较向往神仙般的生活，有着祈求幸福生活、健康长寿的美好愿望，因此，汉锦中较多地出现云气缠绕、蔓草飞舞的图案，形成云烟缭绕的仙境。古代有重阳节登高佩茱萸的习俗。人们认为在重阳节这天插茱萸可以避难消灾。或佩戴于臂上，或做香袋把茱萸放在里面佩戴，称为茱萸囊，还有插在头上的。

图3-1 汉晋 平纹经锦局部

大多是妇女、儿童佩戴。有些地方，男子也佩戴。重阳节佩茱萸，在晋代葛洪《西经杂记》中就有记载。除了佩戴茱萸，人们也有头戴菊花的。南朝时，梁人吴均在《续齐谐记》中记载了一个神异的故事：汝南人桓景，随费长房游学，费长房要他在重阳这天让家人各作绛囊，盛茱萸系臂，并登高，饮菊花酒，才可免祸。桓景照办了，逃脱了灾祸。这个故事生动地反映出重阳时人们的避邪除灾心理。因此，重阳节又被称为"茱萸节"，茱萸的雅号为"辟邪翁"。同样，茱萸纹也较多地在丝绸上有所反映。

云气和动物纹组合是汉锦中最具特色的一种图案。起初，带有花穗状的穗状云和动物纹在织锦上组合出现。如著名的延年益寿长葆子孙锦，就是以穗状云为骨架，中间穿插奔跑的龙纹、虎纹、辟邪纹等神兽，在云气和动物纹间织有隶书汉字吉语"延年益寿长葆子孙"。此类图案的锦在丝绸之路沿途的汉晋遗址如楼兰、尼雅等地均有出土。

稍后，穗状云演变出山状云，而山状云恰与仙山神话相吻合，成为该时期云纹的主流。有的甚至直接用山名做装饰，如博山、广山、威山等。以形如连绵群山的山状云气为骨架，其间织有龙、虎、豹、麒麟、马、鹿、凤鸟等珍禽奇兽，并在空隙处织入汉字吉语。这些文字多为吉祥语，寄托着人们美好的祝愿，如"长乐明光""千秋万岁宜子孙"；或表达某种特殊的涵义，如"五星出东方利中国""王侯合昏千秋万代宜子孙"。此处的"王侯合昏"即为王者和侯者的联姻。该锦是为此事而定制的。

云气动物纹锦大多为五色锦，这与当时史料中记载的连烟之锦或五色云锦吻合。

纬锦

公元三世纪左右，丝绸之路沿途主要是中国的西域地区，开始对平纹经锦进行仿制，但织造中却将织物上机方向调转90度，即经纬线正好互换，因此西域地区生产的织锦就成为平纹纬锦（图3-3）。这种纬锦所用的丝绵捻线用当地的方法加工而成，风格粗犷，到公元六世纪还在生产。吐鲁番出土的文书中曾提到丘慈锦（库车）、疏勒锦（喀什）和高昌锦（吐鲁番）等名称，就是丝绸之路沿途生产的平纹纬锦。

图3-3 北朝 人物伞盖纹锦（新疆文物考古研究所藏）

初唐开始，纬锦中出现了斜纹纬锦，也就是用斜纹作为基本规律的纬锦。唐代的纬锦按织物的风格可以分成两个大类。第一类是中亚、西亚的产品，这类纬锦的夹经加Z捻，所用的纬线较粗，具有较好的覆盖性，大多采用联珠纹的团窠图案，色彩以红、黄、藏青等暖色系为主。但是由于这类纬锦在经向上是通过挑花的方法织成的，所以并没有真正的经向循环（图3-4）。关于这类织物的生产地点，专家学者们有不同的意见。一种认为这是粟特锦，因为在类似的织物上曾发现有墨书"赞

图3-4 唐 团窠联珠对鸭纹锦（中国丝绸博物馆藏）

丹尼奇"的粟特文字，而赞丹尼奇是中亚地区一个专门生产织锦的村落。第二种观点是波斯锦，因为青海都兰曾出土与此技术特征完全一致的织锦，上面织有古波斯文字，而《隋书》中也有何稠仿制波斯所献金绵锦袍的记载。第三种观点是由已经迁移到中国西北地区的中亚织工生产的。第二类是典型的唐式纬锦，这是唐代织锦的主流。与中亚、西亚的纬锦相反，唐式纬锦的经线加S捻，图案以宝花、花鸟等题材为主，所用色彩以蓝、绿等色彩为主。相比于第一类纬锦，唐式纬锦的图案具有上下左右的严格循环，说明提花技术在唐代得到了飞速的发展，真正的提花机已经形成，并被用于纬锦的织造（图3-5，图3-6）。

图3-5 唐 斜纹纬锦组织结构之一

图3-6 唐 斜纹纬锦组织结构之二

到了中晚唐时期，一种新的纬锦类型开始出现。从表面看，这种纬锦织物把原来普通的暗夹型纬二重变成了半明经的暗夹型纬二重，因为大量出现在辽代织锦中，所以被称为辽式纬锦。这类织锦一直沿用到宋朝时期。如杭州雷峰塔地宫出土的五代织锦、辽宁省博物馆藏后梁织成的金刚经，以及苏州瑞光塔出土的北宋云纹瑞花锦等，都属于这一类纬锦。

从经锦到纬锦的发展变化反映了中西丝绸技术交流与相互促进的关系，中国的丝绸技术通过丝绸之路向西传到新疆及中亚一带，并实现了生产技术的当地化。隋唐之际，中亚、西亚的织造风格又进一步影响唐代的丝绸生产，出现了最能体现当时技术和艺术风格特点的纺织品。

何稠 鏾緂

稠博览古图，多识旧物。波斯尝献金线锦袍，组织殊丽。上命稠为之，稠锦成，逾所献者，上甚悦。时中国久绝琉璃作，匠人无敢措意，稠以绿瓷为之，与真不异。

——《隋书·何稠传》

何稠是我国设计艺术史，特别是丝绸艺术史上的著名艺术家。他在《北史》和《隋书》中都有传记，他的设计才能主要表现在制作丝绸、琉璃、车仗舆服等方面。据他的传记，何稠的叔父为何妥，而何妥的父亲为何细胡。经学者考证，何稠的家族乃是出于中亚的昭武九姓，也就是当时的粟特人。何稠在北周时曾掌管细作署，而细作署管理的是一些精美艺术品的制造，这其中定然有丝绸。也有学者认为，何稠仿制的波斯金线锦应该就是波斯锦，而唐系联珠翼马纬锦很有可能就是何稠仿制的波斯锦。

璇玑图（回文诗锦） 鏾緂

窦滔妻苏氏，始平人也，名蕙，字若兰，善属文。滔，符坚时为秦州刺史，被徙流沙，苏氏思之，织锦为回文旋图诗以赠滔。宛转循环以读之，词甚凄惋。凡八百四十字，文多不录。

——《晋书·列女传》

璇玑图故事说的是在前秦时期，苏蕙的丈夫窦滔被发配到西北边远地区，而苏蕙生性聪敏，在织锦上织出回文诗寄给窦滔（图3-7）。回文诗共八百四十个字，纵横各二十九字，纵、横、斜交互，正、反读或退一字、迭一字读，均可成诗，诗有三、四、五、六、七言不等，非常绝妙，广为流传。其排列有一定的规律，循环往复读织在锦上的璇玑图，其中表现出来的情感让人感到哀切。

这则故事在唐代李冗的《独异志》中也有记载，其中的情节与《晋书》中记载的相仿，表现的是苏蕙和她丈夫之间的"离间阻隔之意"。同样在唐代，武则天也写过一篇《窦滔妻苏氏织锦回文记》。但武则天在这篇文章中提到苏蕙的情节与《晋书》等中的记载有不小的出入，说的是苏蕙因嫉妒心与高傲性情而失宠于窦滔后，"悔恨自伤"才织的回文旋图诗。这与窦滔赴任时只带了小妾赵阳台，而没有带苏蕙，并从此与妻子中断联系，苏蕙为了劝窦滔回心转意而作回文诗的说法比较接近。璇玑图的故事在后世一直较为流行，在元曲、明传奇和绘画

图3-7　内蒙古宝山辽墓壁画（苏蕙寄锦图局部）

作品中都是较为流行的题材，表现的多是苏蕙的才情。

南北朝时期在织锦上织出文字并不鲜见，但往往字数较少，文字排列也较为简单。像苏蕙这样在织锦上织出八百四十个字，且文字的排列有较为复杂的规律，在当时应该是极为少见的，在织造技术上也有一定的难度。可惜的是今天已看不到苏蕙《璇玑图》的实物，不过根据后世的图像资料，仍可以有一个大致的认识。

纱

纱的意思是指可以"漏沙"的织物，非常轻透。早期的纱，以平纹纱为多见，以后也将两根经线互相纠绞的织物称为纱。这类轻纱最经典的代表是湖南长沙马王堆一号汉墓出土的"素纱襌衣"（图3-8）。

襌，东汉许慎《说文解字》中的解释是"衣不重"，清代段玉裁《说文解字注》中说"此与重衣曰複为对"。襌衣也就是单层的没有衬里的衣服，与有衬里的複

图3-8 西汉 素纱襌衣（湖南省博物馆藏）

衣不同。《前汉书·江充传》记载"初，充召见犬台宫，衣纱縠襌衣，曲裾后垂交输"，颜师古对此做注解说"纱縠，纺丝而织之也。轻者为纱，绉者为縠。襌衣制若今之朝服中襌也"。《方言》第四"襌衣"条记载"襌衣，江淮南楚之间谓之褋；关之东西谓之襌衣；古谓之深衣"。《急就篇》说"襌衣，似深衣而褒大，亦以其无里，故呼为襌衣"。

素纱襌衣其实就是用没有纹样的纱制作的单层无衬里的一类衣物，其形制又与深衣相似。

1972年湖南长沙马王堆一号墓发掘，这是我国考古史上一次极为重要的考古发现。此墓墓主为西汉长沙国相的妻子辛追，墓中出土了众多的漆器、木器等随葬品，而尤为引人注目的是墓中出土的各类纺织品。墓中出土的纺织品不仅品种多样、色彩艳丽，而且基本保存完好，为后人认知和研究西汉时期的纺织品及其织造技艺提供了很好的实例。墓主辛追的尸体也保存得较为完好，伴出有两件素纱襌衣。其中一件素纱襌衣，交领右衽，直裾式，衣长128厘米，通袖长195厘米，袖口宽29厘米，腰宽48厘米，下摆宽49厘米，重49克（不到1两），经线密度一般为58根/厘米至64根/厘米，纬线密度为40根/厘米至50根/厘米，通体薄如蝉翼，反映了当时高超的织造技术。此件襌衣的组织结构为平纹交织，其透空率一般为75%左右。织造素纱所用纱线的纤度较细，表明当时的蚕桑丝品种和生丝品质都很好，缫丝织造技术也已发展到相当高的水平。这件襌衣如果除去袖口和领口较重的边缘，重仅25克左右，折叠后甚至可以放入火柴盒中。

▓▓▓ 胡绫 ▓▓▓▓

（大秦国）又常利得中国丝，解以为胡绫，故数与安息诸国交市于海中。

——《魏略·西域传》

丝织品种中，绫这一名称出现得较晚，大概在魏晋时期才渐渐多起来。《西京杂记》载："霍光妻遗淳于衍蒲桃锦二十四匹，散花绫二十五匹。"当时绫的品种也较多，其中有一类被称为"胡绫"。按照鱼豢的说法，这类织物是大秦国也就是东罗马帝国在得到中国的丝绸，拆解之后重新织造而成的。罗马帝国时期的思想家普林尼也有过类似的记载。麻赫穆德·喀什噶里在《突厥语大词典》"hulīη"条中说明是"由秦输入的一种带色的绸布"，"hulīη"或许就是胡绫。拆解之后再织造的丝织物，在中国西北考古中也有过发现。新疆营盘 15 号墓曾出土有一条绣裤（图3-9），原先断为毛质，后经检测，结论是丝织品，但它的纹样又有异域风情，所以推测这条裤子可能是中原的丝绸拆解后重新织造而成，也就是"胡绫"一类的织物。另外，拆解后重新织造的丝织品也见于叙利亚的帕尔米拉。有专家考证，西方取得家蚕丝纱线有两种办法：一是使用进口的家蚕丝纱线；二是将进口的家蚕丝布的纱线拆解，加捻纺线，然后利用当地织机重新织成丝布。学者还指出公元四至五世纪西方丝绸可能有两种供给来源：一是私人性质的小型商队，但他们在中国与西域间的商业行动完全不见于文献记载；二是西域和中亚在中国对外衰退这一时间段内取代中国而成为西方丝绸市场的主要供货商。

图3-9 汉晋 绣裤（新疆营盘 15号墓出土）

纳石失

如果说蒙元时期有哪种织物最具影响力、最得青睐，就非纳石失莫属。什么是纳石失？按照元代人的翻译，是当时一种用金线织成花纹的金锦。《元史·舆服志》中就有这样的记载："玉环绶，制以纳石失（金锦也）。"而纳石失是波斯语"Nasich"的音译词，语源出于阿拉伯语，又有纳失失、纳什失、纳赤思、纳阇赤、纳奇锡、纳赤惕、纳瑟瑟等多种汉字异写。

纳石失最初的产地应该在西域一带，后来通过进贡和商业贸易等渠道传入中国，但因为数量不多而无法满足蒙古贵族阶层对加金织物的巨大需求。于是，蒙元统治者在对外征服战争的过程中，把中亚各地和辽金统治区域及中原、江南广大地区俘获的手工艺匠人集中起来，建立起规模庞大的官府手工业局。其中从事纳石失织造的作坊大约有五所，全部直隶中央的官府局院，包括归属工部的两个别失八里局和纳石失毛段二局的纳石失局，以及归属储政院系统的弘州纳石失局和荨麻林纳石失局。这五局特别是别失八里局的匠户中，西域人是主体，其中又以来自中亚的回族人居多。这也是纳石失虽然更多在中国生产，却保留伊斯兰织物旧名的原因。

根据研究者的研究，纳石失最早发现在内蒙古的达茂明水墓中（图3-10），是指一种特结型的加金织物。这类织物有两组经线，一组专门和地纬交织形成地组织，另一组经线则专门用来固结纹纬。常见的纳石失图案有狮身人面、鹰隼、奔鹿、鹦鹉等纹样（图3-11），

图3-10　元　纳石失辫线袍（内蒙古博物院藏）

有些还织有波斯文字。与当时常见的另一种加金织物——金段子相比，金段子的图案更多地保留了中国传统特色，而纳石失的图案则具有浓郁的西域风情，这与它的技术力量以西域人士为主有关。

由于纳石失绚烂华丽的视觉效果，崇尚加金织物的蒙古帝王、贵族常用来作为服饰（图3-12）。如天子冕服、百官朝服、命妇礼服和冠饰、高僧大德法衣等，多用纳石失作为衣料或装饰，但大规模使用纳石失做衣料的还是在"诈马宴"上穿的质孙服。"诈马宴"又称"质孙宴"，是元代特有的大型宫廷宴饮，宴会持续三日，佩服每天都要更换，"高冠艳服皆王公，良辰盛会如云从。明珠络翠光笼葱，文缯缕金纤晴虹"。场面之壮观可以说是盛况空前。马可·波罗也曾对质孙服做过较为详细的描述："君王颁赐一万二千男爵每人袍服十三袭，合计共有十五万六千袭，其价值甚巨。"蒙古贵族对纳石失十分厚爱，除了用作衣料外，常用于宫廷中的帷幔、靠垫，以及皇帝出行的舆格、仪仗等，甚至死后用来遮蔽棺木、装饰车马。

图3-11　元　团窠对格力芬纳石失（美国克利夫兰艺术博物馆藏）

图3-12　《世祖出猎图》中身穿加金织物的元世祖

可以说，蒙元时期是中国织金技术发展的鼎盛时期，宫廷贵族对加金织物的狂热推动了中国传统纺织技术的革新和进一步发展。以纳石失为代表的织金锦，无论是织造技术还是纹样设计，均突破了唐宋传统，并对明清纺织品的发展影响深远，具有重大里程碑意义。

缎

在现代组织学定义中，平纹、斜纹和缎纹被合称为三原组织，即织物组织结构的三种基本形式。其中平纹最简单也最早出现，斜纹的形式出现得也很早，而缎纹是三原组织中出现最迟的一种。

一直以来，关于缎组织是如何产生的，缎类织物是何时、何地、如何产生的，人们都心存疑问，并对此进行了多年的探讨。根据文献记载，用来指缎纹组织的"缎"在唐代已经出现，宋代文献中则将缎类织物叫作"纻丝"或者"注丝"。但目前考古所见的缎类织物到元代才正式出现，江苏无锡的钱裕墓（1320）出土的五枚暗花缎是最早能够见到的暗花缎实物（图3-13），此后在山东邹城的李

图3-13 元 缠枝牡丹纹缎（江苏无锡钱裕墓出土）

裕庵墓（1350）和江苏苏州的曹氏墓（1367）中也有大量暗花缎出土（图3-14，图3-15）。由此可见，暗花缎织物非常有可能出现在宋元之际。有学者认为晚唐时期的缎纹纬锦为暗花缎的出现做了准备，在缎纹纬锦的组织结构中，如果只使用明经而不用夹经，纬线也只用一组，就能得到一个完整的暗花缎组织。而素缎织物的出现要晚于缎纹纬锦和

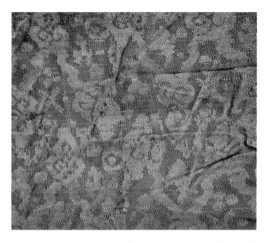

图3-14　元　杂宝云纹暗花缎（山东邹城李裕庵墓出土）

图3-15　元　杂宝暗花缎衣（江苏苏州曹氏墓出土）

暗花缎织物。

所谓暗花缎是指在织物表面以正反缎纹互为花地组织的单层提花织物（图3-16），因为它的花地缎组织单位相同而光亮面相异，所以能够显示花纹，在今天被称为正反缎。以五枚缎组织生产的暗花缎织物出现最早，从元代出现起一直延续到现在；但从清代开始，缎织物中出现了八枚缎、七枚缎和十枚缎等，其中又以八枚缎为主。与五枚

图3-16　元　暗花缎局部

缎织物相比，八枚缎织物由于经密更大、浮长更长，因此具有更好的光泽。这两种织物也一直是中国对外出口产品中的大类。清初广东人屈大均的《竹枝词》写道："洋船争出是官商，十字门开向二洋，五丝八丝广缎好，铜钱堆满十三行。"这里的"五丝"和"八丝"就是对五枚缎和八枚缎的称呼。

素缎是不提花的缎类织物，一般以经面缎纹织物为主。和暗花缎织物一样，素缎中最早出现的也是五枚缎，在元末苏州曹氏墓中就有不少这样的实物。而八枚素缎出现的时间应该和八枚暗花缎相近，也不会太早。

明清时期，开始流行一种经纬线异色的闪缎。这种织物通常使用经面缎纹做地，以纬面缎纹或者斜纹组织起花，这样以经线色彩为主的织物表面就常常会有纬线间丝点的色彩在其中闪烁不定。

明清时期，缎类织物蔚为壮观，其中有以产地为名者，如川缎、广缎、京缎、潞缎等；有以用途命名者，如袍缎、裙缎、通袖缎等；有以纹样命名者，如云缎、龙缎、蟒缎等；有以组织循环大小为名者，如五丝缎、六丝缎、七丝缎、八丝缎；还有以工艺特征命名者，如素缎、暗花缎、妆花缎等。其种类十分多样。

●●●潞䌷●●●

二十世纪五十年代，尘封了三百多年的明神宗万历皇帝的定陵地宫被打开，出土了大量制作精美的皇家御用丝织品，其中有一件"大红长安竹潞䌷"引人注目。这件织物的图案是红地绿花的长安竹，如意头形折枝，中心为一竹花，左右饰一竹叶，一个门幅之内有十二个图案单元。最为重要的是在面料的腰封上有几行墨书，写着"大红闪真紫细花……巡抚山西都察院右副都御史陈所学，巡抚山西监察御史……官"。在织物的另一端还有一行墨书，写着关于这件织物生产的详细信息："大红闪真紫细花潞䌷壹匹。巡抚山西都察院右副都御史陈所学，山西布政司分管冀南道布政司左参政阎调羹，总理官本府通判黄道，辨验官、督造提调山西布政司左布政使张我续，经造掌印官潞安府知府杨俭，监造掌印官长治县知县方有度，巡按山西监察御史……山西按察司分巡冀南道布政司右参政兼按察司佥事阎溥。长伍丈六尺阔贰尺贰分。机户辛守太。"（图 3-17）可见潞䌷在当时有一段辉煌的历史。

那什么是潞䌷呢？"䌷"也作"绸"，在明清时期是一般平纹和斜纹提花织物的统称。定陵出土的潞䌷，据研究人员分析，是在三枚经斜纹地组织上以六枚纬斜纹组织起花。另一方面，成书于清代的著作《诸物源流》中说潞䌷与宫绸类似，而宫绸也是一种以斜纹为基本组织而形成的暗花织物，这也从一个侧面提供了潞䌷是一种以三枚斜纹组织为地、六枚斜纹组织起花的丝织物的佐证。潞䌷的名字来源于它的产地潞安府。潞安府在古代称为上党郡，明代初年在此地设立潞州，到嘉靖年间又升潞州为潞安府，管辖长（治）襄（垣）长（子）屯（留）壶（关）黎（城）潞（城）等几个县，府治在长治县。上党地区具有悠久的农桑历史，早在隋唐时期就开始种桑。明朝立国之初，号召天下广种桑、麻、棉花等经济作物，并规定了明确的奖罚措施。潞安府也切实贯彻了这一政策，"洪武初，潞州六县桑八万余株，至弘治时九万株有余"，农桑种植推动了潞䌷的生产绸（图3-18）。

关于潞䌷是哪个年代出现的？现在已经很难考证，目前所见较早提到潞䌷的是元末明初淄州人贾仲明所著的杂剧《李素兰风月玉壶春》，剧中山西平阳府的商人甚舍，装着三十车羊绒潞䌷，前去嘉兴府贩卖。明代是潞䌷发展最为兴盛的时期（图3-19），特别是明代中期，潞䌷产业发展势头迅猛，有"潞城机杼斗巧，织作纯丽，衣天下"之称。可以说，明代的丝织业，

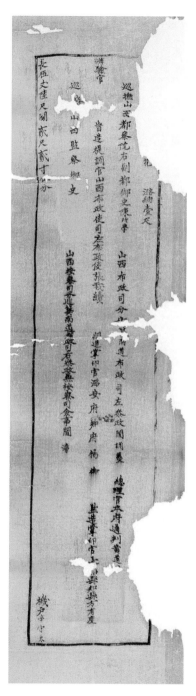

图3-17　明 长安竹潞䌷匹料墨书（定陵出土）

图3-18 明 枕顶上潞安绫坊巷的墨书（盐池冯记圈明墓出土）

图3-19 明 流云纹潞绸（北京故宫博物院藏）

南方以苏、杭、闽、广为中心，北方则以潞州为中心。潞绸的发展在万历年间达到顶点，从万历三年（1575）开始，官府开始派织潞绸，数量逐年增多，"万历三年坐派山西黄绸二千八百四十疋，用银一万九千三百三十四两；十年坐派黄绸四千七百三十疋，用银二万四千六百七十余两；十五年坐派黄绸二千四百三十疋，用银一万二千余两；十八年坐派黄绸五千疋，用银二万八千六十两"。而在这之前，明王朝向山西派织的各种绫绢中，并没有山西潞绸这一项。然而，由于苛捐杂税，潞绸机户入不敷出，倾家荡产，到明末，只剩下潞绸织机 3000 余张，比最兴盛时候的 1.3 万余张减少了 77%。

清代初期，由于战乱，潞绸生产更加衰败，潞绸织机比明末时的 3000 张又减少了 40%，然而朝廷对潞绸的取用和官吏盘剥并没有因此而减少，潞绸机户们不堪重负，不得已"焚烧绸机，辞行碎碑，痛苦奔逃"，残留的潞绸织机不过二三百张，几乎破坏殆尽。后来，朝廷先后采取了一些措施来恢复潞绸，使潞绸生产得以延续。在清代晚期的宫廷中仍可见潞绸的使用，却再也不复明代全盛时期的风貌。到了同治年间，张之洞设立"清源局"，奏请停派潞绸的贡赋，结束了潞绸两百多年作为贡品的历史。

妆花

妆花是明清时期在南京生产的云锦中织造工艺最复杂、最具代表性的品种。所谓妆花是对挖梭工艺的别称，如果一种提花织物在花部采用通经断纬的方法显花，这种织物就可以称作是妆花织物。

关于妆花工艺的起源，目前还没有定论。目前所知最早的实物应该算青海都兰出土的唐代织金带，在平纹地的带子上织入纯金片，织入之后把多余的部分剪去。辽宋时期，有关妆花或挖梭织物的发现日见增多。内蒙古辽代耶律羽之墓中出土的鸂鶒海石榴纹妆花绫，是最早的妆花绫实物之一（图3-20）；湖南省衡阳何家皂北宋墓、黑龙江省阿城金墓中都有许多妆花织物出土。到了明清两代，妆花织物的发展进入鼎盛期（图3-21）。明代记录严嵩抄家清单的《天水冰山录》中记载的妆花织物的品名，有妆花缎、妆花纱、妆花罗、妆花紬、妆花绢、妆花绒、妆花改机等。在万历皇帝定陵地宫出土的170余匹袍料和匹料中，妆花织物占了一半以上，故宫里的妆花织物则不胜统计，可见明清妆花之盛。

图3-20 辽 鸂鶒海石榴纹妆花绫
（中国丝绸博物馆藏）

图3-21 明 蓝地妆花纱蟒衣（孔府文物档案馆藏）

妆花的生产过程包括图案设计、意匠图制作、挑花结本、经纬线准备、上机织造等数道复杂的工序，每一道工序都离不开经验丰富、技艺娴熟的艺匠，每一个环节都有严格和独特的技术要求。根据用途的不同，妆花织物有两种形式：一种是普通的匹料；另一种则是织成袍服衣料、铺垫料等各种实用物形制的面料。前者的图案以团花、缠枝花为主；后者，特别是衣料的图案设计，则需要遵循典制的规定。图案设计完成后，需要按照织物组织的特点，按比例放大并画在意匠纸上制成意匠图。如果织匹料，意匠图一般只需绘出一个图案循环；如果织成面料，则必须将整个图案全部制成意匠图。挑花结本则是将意匠图上的图案过渡到织物上的一个重要工序，"固由织工之巧，实缘画工之奇，而其要则在挑花本者之为画工传神"，花本的好坏直接影响到成品的质量。完成经纬线准备和根据上机图穿综、穿筘等工序后，妆花生产的最后一道工序——织造需要由两名机工配合完成，一名坐在花楼上根据花本提拽经线，另一名坐在机前投纬织造（图3-22），一般每天仅可织二寸左右，一件成品需要几个月甚至年余才能完成。

图3-22　妆花织造过程中用于挖花的小梭子

由于采用了挖梭显花技术，因此妆花织物的图案表现自如，配色十分随意，纬线多达数十种，加上金银线的织入，更加异彩纷呈，深受皇室贵族的喜爱，成为御用贡物。清代道光以后，随着列强入侵及社会动荡，妆花生产规模日渐衰微。"辛亥革命"推翻封建王朝后，妆花织物也失去了服务的对象，加上"洋货"倾销和时局不稳，使得妆花随同云锦一起衰落，到新中国成立前夕，南京能用于生产的花楼机只剩下四台而已（图3-23）。

图3-23 织制云锦的大花楼机

二、雕镂之象

缂织技术是中国纺织技术中具有代表性的一种，从最初用羊毛纤维进行缂织，发展到以蚕丝纤维缂织，至少约经历了4000多年的历史，且摹缂的名人书画成为高档的艺术品。其通常采用通经回纬的方法，以装有丝线的小梭子，按图案分区分色织制，使得花纹轮廓清晰，有"承空视之，如雕镂之象"之形容（图3-24）。

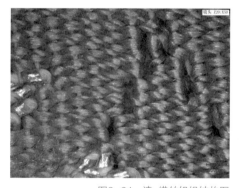

图3-24 清 缂丝组织结构图

缂丝

定州织刻丝，不用大机，以熟色丝经于木杼上，随所欲作花草禽兽状。以小梭织纬时，先留其处，方以杂色线缀于经纬之上，合以成文，若不相连。承空视之如雕镂之象，故名刻丝。

——《鸡肋篇》卷上

图3-25 东汉 半人半马缂毛织物（新疆博物馆藏）

图3-26 元 缂丝玉兔云肩（中国丝绸博物馆藏）

关于缂丝，明朝人周祈在《名义考》中说："刻之义未详，《广韵》'缂、乞格切，织纬也'。则刻丝之刻，本作缂，误作刻。"明初曹昭《格古要论》称"刻丝作"曰："宋时旧织者，白地或青地子，织诗词山水，或故事人物花木鸟兽，其配色如傅彩，又谓之刻色作。"缂丝，又作刻丝、剋丝，是一种独特的丝绸种类，因特别的织造技法而得名，主要特点就是一般所说的"通经断纬"或"通经回纬"。因为这一独特的织造技法，所以不同颜色的纬线之间会留有空隙，因此《鸡肋编》说"承空视之如雕镂之象"。

缂丝的这一独特技法，学界一般认为是源自西方的缂毛。西亚埃及等地很早就有缂毛。经考古发掘，在我国新疆等地也发现了众多青铜时代的缂毛实物（图3-25）。缂毛所用的材料为毛，缂丝则改毛为丝。现在可知的最早的缂丝实物出自中国的西北。如都兰吐蕃墓、新疆阿斯塔那唐墓等，都有不少出土。其中新疆阿斯塔那206号唐墓出土的彩绘舞女俑上的腰带，是目前所知的最早的缂丝实物。缂丝在唐代主要用于一些装饰品，尺幅较小、花纹简单。发展到宋辽时期，缂丝大为盛行，传世和墓葬出土的缂丝实物也充分验证了这一点。宋代缂丝的一个特点就是观赏性缂丝的发达，当时有朱克柔、沈子蕃等缂丝名家。发展到元代，缂丝一改宋代的功用，主要用于穿着，元代的很多衣物采用缂丝（图3-26）。

朱克柔　緙丝

朱克柔，云间人，宋思陵时以女红行世。人物、树石、花鸟，精巧疑鬼工，品价高一时，流传至今，尤成罕购。此尺帧古澹清雅，有胜国诸名家风韵，洗去脂粉，至于其运丝如运笔，是绝技。非今人所得梦见也，宜宝之。

——《山茶蛱蝶图册页》题跋

朱克柔，出生于宣和、绍兴之间，华亭县人。她自幼学习绘画和缂丝，与沈子蕃同为宋代缂丝名家。朱克柔的缂丝作品被称为"朱缂"，并被誉为中国缂丝技术的高峰，她的作品在当时就有很高的知名度。朱启钤在他的《丝绣笔记》中夸赞朱克柔的作品"精巧疑鬼工，品价高一时"。朱克柔现今存世的缂丝作品有《莲塘乳鸭图》《蛱蝶山茶花》等（图3-27）。

图3-27　南宋　朱克柔《蛱蝶山茶花》图册页
（辽宁省博物馆藏）

织御容　緙丝

御容，也就是古代帝王后妃的肖像画，有时又称御像、神御。元代在使用"御容"的同时，又用"御影"指称大型御容，"小影""小影神"则用以指称小型御容。

中国早时的御容基本都是绘画或是塑像，很少有用丝织造的。作为丝织品的御容，出现于蒙元时期，而且主要是缂织。《元史》记载："神御殿，旧称影堂。所奉祖宗御容,皆纹绮局织锦为之。"元人孔克齐《至正直记》"宋缂"条也说："宋代缂丝作，犹今日缂丝也。花样颜色，一段之间，深浅各不同，此工人之巧妙者。近代有织御容者，亦如之，但著色之妙未及耳。"可见，当时缂织是御容的主要制作方法。当时织御容是元廷织染杂造人匠都总管府所属纹锦局承担的要务之一，备受重视。元《经世大典》载："织以成像，宛然如生，有非彩色涂抹所能及者。"

关于蒙元时期的御容，尚刚在《蒙元御容》一文中曾有详论：与唐宋御容有立体的形式不同，蒙元御容只有平面的，其做法可织可绘；蒙元御容的制作方式体现蒙元的文化倾向，绘御容本是唐宋传统，织御容却为蒙元独有，织御容反映了蒙古族对丝绸的特殊爱恋，绘御容反映了对汉族传统文化的倾慕；织御容以绘御容为粉本，采用缂丝工艺；蒙元御容配色单纯，所用颜色体现了蒙古族的颜色好尚。

蒙元时期虽然多有织造的御容，不过存留至今的为数极少。1992年纽约大都会艺术博物馆入藏缂丝曼荼罗一幅（图3-28），其本尊是大威德金刚，为密宗修行时供奉所用。曼荼罗下缘左右各织出两身供养人，右端第一人为元文宗

图帖睦尔，左邻为其兄明宗和世瓎（图3-29）；左端则是明宗后八不沙与文宗后卜答失里（图3-30）。缂丝上的两位皇帝，头戴钹笠帽，身上外穿龙纹胸背裃护，内穿通袖膝襕龙纹窄袖袍；两位皇后则头戴罟罟冠，身穿通袖膝襕龙纹大袖袍。此缂丝曼荼罗上的文宗皇帝与明宗皇后，与传世的现为台北故宫博物院收藏的《元代帝后像册》中的文宗与明宗后极为相像。根据《元代画塑记》的记载，不少元代帝后像应出自人物画家"传神李肖岩"手笔。孙机认为这幅缂丝上的御容或许是依照李氏的画稿织成的。

图3-28 元 缂丝帝后曼荼罗（美国大都会艺术博物馆藏）

图3-29 元 缂丝帝后曼荼罗局部 元明宗与文宗兄弟　图3-30 元 缂丝帝后曼荼罗局部 元明宗后与文宗后

三、成是贝锦

宋锦、云锦、蜀锦被誉为中国三大名锦，是中华织锦的杰出代表。锦有"寸锦寸金"之称。三大名锦各有特色，反映了中国纺织高超技术。其绚丽的色彩，精美的图案，精良的织制工艺，一直成为皇家的御用品，其中云锦成功入选世界人类非物质文化遗产代表作名录。

富丽宋锦

宋锦是中国三大名锦之一（图3-31），虽然以时代命名，但现在意义上所指的宋锦是指清代以来，继承和仿照宋代织锦艺术特色生产的宋式锦或仿宋锦，它的主要产地在苏州。

苏州具有悠久的丝绸生产历史，特别是三国时期，大量手工业者迁居东吴，吴主孙权的赵夫人亲自从事织绣，能织云龙虬凤之锦，刺绣五岳列国地形之图，使东吴的丝织

图3-31 清 御笔麋角解说宋锦包首
（美国大都会艺术博物馆藏）

业有了较快的发展。到东晋时，左思在《吴都赋》中称江东"国税再熟之稻，乡贡八蚕之丝"，于是吴丝名扬全国。元代，江南地区的丝织业空前发达，马可·波罗曾在他的游记中提到苏州周围二十里的居民有巨量生丝，不仅制成绸缎自用，而且远销到其他城市。明清两代，朝廷在苏州设立织造局，进一步促进了当地丝织业的发展。在苏州生产的丝织物中，锦的生产十分有名，明代就有"吴中多重锦"之称。与光泽艳丽的云锦不同，苏州所产织锦织工精细，艺术格调富丽高雅，具有宋代以来的传统风格特色。到了清代康熙年间，有人从泰兴季氏处购得宋裱《淳化阁帖》十帙，把帖上裱的二十二种宋代织锦揭取后卖给苏州机房来模取花样，进行生产。所产出来的这些锦类织物虽然采用宋代的图案，但使用的是清代的组织结构，因此被称为"宋式锦"或者"仿宋锦"，简称为"宋锦"。这个名字一直沿用至今。

根据工艺的精细、用料的优劣、织物的厚薄，以及使用性能的不同，宋锦可以分为重锦、细锦、匣锦三类；也有人多加一类"小锦"，分为四类。

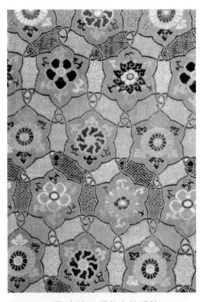

图3-32 明 盘绦四季花卉纹重锦

重锦是宋锦中最贵重的一类（图3-32），使用两组经线，而纬线中除了多组精练染色桑蚕丝外，还有使用捻金线或片金线的，通常在三枚经面斜纹上以三枚纬面斜纹显花，而金线则多用来装饰主花和花纹的勾边。因此重锦的质地较为厚重，图案较为丰富，常用的有植物花卉纹、龟背纹、盘绦纹、八宝纹等，主要用于宫廷、殿堂内的各类陈设品及巨幅挂轴。细锦的结构与重锦相似，纹样一般以几何纹为骨架，内填花卉、吉祥如意等图案。由于织物中所用桑蚕丝线较细，且多采用短跑梭织制，织造密度也较疏，因此厚薄适中，便于使用，是宋锦中最常见、最具代表性的一类。这两类织物又可归为大锦，是宋锦中的高档产品。

匣锦是从宋锦中变化出来的一类中档品种（图3-33），图案大多为满地几何纹或自然型小花，由于织造较为粗糙、质地软薄，所以织成以后需要在背面涂刮一层薄浆使之挺括，专门用于一般书画、囊匣、屏条的装裱。小锦则是从宋锦中派生出来的一类中低档产品，质地轻薄，常用于装裱小件和制作锦盒，多为单经单纬结构，其组织多采用缎纹、变化斜纹或小提花，并以经线显花，图案大多为几何纹或对称小花纹。由于小锦的经纬线采用生丝，所以成品下机后必须经过石元宝砑光整理，来改善手感较硬、缺乏光泽等问题。

宋锦以其独特的结构、精湛的技艺、古朴典雅的艺术魅力，成为苏州丝织业的代表产品，盛极一时。

图3-33　明 菱格填八宝纹匣锦

灿霞云锦

说到三大名锦之一的云锦，人们必然会将它和南京这座城市联系在一起。南京被称为"云锦之乡"。但关于云锦的创始时期和发明人，一直没有定论。在清代，南京的云锦公所中供有云锦娘娘，太平门外的蒋王庙中则供奉蒋公。云锦业中相传，蒋公是云锦娘娘的徒弟，云锦娘娘在下面织，蒋公在上面拽花。但这只是传说而已。较为公认的观点是云锦起源于元代，兴盛则在明清时期，并一直延续至今。

南京云锦的兴盛并非偶然。江南地区向来盛产桑蚕，自元代以来至明清时期，历代统治者先后在南京设立过"以官领之，以授匠作"的官营织造机构，如元代的东西织染局、明代的司礼监神帛堂、清代的江宁织造局等。这些官营机构生产的龙衣、蟒袍和各类缎匹专供皇室、贵族使用，以满足"章贵贱，别尊威"和宫廷祭祀、颁赏之需。除官营织造外，南京民间的云锦织造业也十分发达，清代康乾年间，民间云锦机户有200余家，每年产值约200余万两，以此业为生的织工、染匠，以及设计花样、挑花工人约一万多人，产品远销到西藏、蒙古等边远的少数民族地区。到了光绪二十八年（1902），江宁织造局被裁撤后，宫廷所需的云锦每年派专人来南京民间采办，更大程度上促进了南京民间云锦生产的繁盛。

图3-34　清　穿枝花金宝地
（北京故宫博物院藏）

但事实上，"云锦"这个词在历史上只是用来赞美南京所产织物灿若云霞的特点，如清代诗人吴梅村所写"江南好，机杼夺天工，孔雀妆花云锦烂，冰蚕吐凤雾绡空，新样小团龙"。作为地方性专用品种名称，云锦的出现则迟至民国时期，其名始见于南京的《工商半月刊》。然而云锦虽然以锦命名，花色品种繁多，但按组织结构而言，大多数不属于锦的工艺范围。妆花是云锦中最具代表性的产品之一，根据使用的地组织不同可以分为妆花缎、妆花纱、妆花罗、妆花绸、妆花绢、妆花绒等。金宝地（银宝地）是妆花中较为特殊的一种（图3-34），在组织结构、织造工艺和艺术表现手法上，与一般妆花品种有所不同。金宝地具有多彩显花和大面积显金的特殊效果，表面不含经面地组织，被称为纬面妆花品种。

云锦中的库缎和库锦都因织成后输入内务府的"缎匹库"而得名。库缎又名花缎、摹本缎，一般为单经单纬、经面缎地、纬面起花的织物，有的品种在局部加入一组金银线或花纬形成局部的重纬组织，包括本色库缎、花地两色库缎、妆金库缎、金银点库缎等几种。库锦又名库金。所谓库金，就是面料上的图案全部用金线通织而成（图3-35）。也有全部用银线织的，称为库银。这种面料过去常用来镶滚衣边、帽边、裙边和垫边等处，因此多采用图案单位较小的小花纹。彩织库锦也称为彩库锦，除使用金线织造外，还用各种颜色的纬线，其用色虽然不如妆花，但效果却甚为精美悦目，除了用作服饰的镶边外，也常用于制作囊袋、锦匣和枕垫等。云锦作为高档的丝织物，一直是封建帝王的御用品，同时还赢得了蒙古族、藏族、维吾尔族等少数民族人民的喜爱，长期以来，在品种、用料、工艺技术、艺术等方面形成了自己的特色。2009 年，在阿联酋首都阿布扎比召开的联合国教科文组织保护非物质文化遗产政府间委员会会议上，云锦成功入选世界人类非物质文化遗产代表作名录。

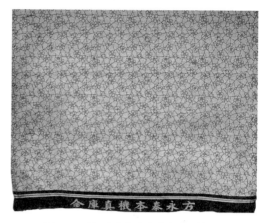

图3-35　清 冰梅纹库金（南京云锦研究所藏）

美妙蜀锦

蜀锦以产地而得名，主要是指成都地区生产的锦类织物。相比于三大名锦中的其他两种，蜀锦的历史最为悠久，山谦之在《丹阳记》中说："江东历代尚未有锦，而成都独称妙。"作为蜀锦的生产中心，成都向来有"锦城"之称，元费著在《蜀锦谱》中也提到"自来蜀锦贵天下，故城名锦官，江名灌锦"。此外，成都还有多处地名因蜀锦而得名，如成都城南的"锦里"是织锦作坊和织锦户集中的地方，"锦市"则是过去进行锦缎贸易的集市。

相传成都城为秦惠文王平定巴蜀后，由秦相张仪和蜀国守张若所建，但一般的观点认为蜀锦兴于汉而盛于唐。西汉大文学家、蜀郡成都人扬雄就见过琳琅满目的蜀锦，并在他的代表作品《蜀都赋》中写到"若挥锦布绣，望芒兮无幅。尔乃其人自造奇锦……发文扬彩，转代无穷"。三国时期，蜀地为刘备所有，为支撑庞大的军费开支，蜀锦生产成为蜀汉政权的支柱产业，产品大量出口到魏吴两国，所谓"魏则市于吴，吴亦资西蜀"，以换取军费。诸葛亮曾再三指出"今民贫国虚，决敌之资，唯仰锦耳""军中之需全籍于锦"，并带头种植桑树，鼓励民众种桑养蚕织锦，极大地促进了蜀锦生产的发展。当时生产的蜀锦品种十分多样，魏文帝曹丕曾经对臣下说"前后每得蜀锦，殊不相似"，可见其种类图案之丰富。蜀地织锦业的兴盛大大超过了传统织锦产地——陈留、襄邑，"遂使锦绫专为蜀有"。唐代，蜀锦无论在技术还是艺术上都进入了一个鼎盛时期，生产遍布整个川中地区。在生产工艺方面，蜀锦由不同色彩经线显花的经锦逐步转变为以不同色彩纬线显花的纬锦；在图案艺术方面，唐太宗时期，陵阳公窦师纶在益州担任大行台检校修造，亲自督察改进蜀锦图案，创造出了对雉、斗羊、翔凤、游麟等新纹样，章彩奇丽，形成了自己独特的风格，被称为"陵阳公样"。此后，长安织染署和民间所织的锦样多源于此，并通过丝绸贸易和其他方式大量流入日本。至今正仓院、法隆寺等地仍珍藏有这样的"蜀江锦"。

图3-36　清 百子图蜀锦被面
（北京故宫博物院藏）

到了五代十国时期，蜀锦品种有所增加，生产出长安竹、狮团、天下乐、方胜、象眼、宜男、宝界地、雕团、八达晕、铁梗蘘荷"十样锦"。北宋神宗时期，当时的成都府尹吕大防在成都设立锦院，有机房127间、织机154台、各式工人数百余人，规模宏大。生产的蜀锦品种包括上贡锦、官告锦、臣僚袄子锦、广西锦、细色锦等细目，图案则有八达晕、盘球、簇四金雕、葵花、六达晕、翠池狮子、天下乐、大窠狮子、宜男百花、青绿如意牡丹、大窠马大球、双窠云雁、玛瑙、青绿瑞草云鹤、真红穿花凤、真红雪花球路、真红樱桃、真红水林禽、真红天马、真红飞鱼、真红聚八仙、真红六金鱼、大百花孔雀等，主要供皇室贵族和贸易所用。

南宋以后，随着丝织业中心的南移，蜀地的织锦生产规模逐步衰落，特别是明末清初的战乱使得蜀地的锦坊尽毁，花样无存。直到清初局势平定后，外逃和被掳的织锦工人回到成都，重操旧业，蜀锦业才恢复了"轧轧弄机声"，但因为破坏严重而元气大伤。到清代晚期，由于南京被太平军所占领，朝廷将织造局迁到成都，又促进了蜀锦业的发展，生产出月华锦、雨丝锦和方方锦等著名产品（图3-36）。

可以说，在长达两千多年的时光中，蜀锦一直伴随成都，成为成都人的骄傲与"名片"，锦官城也由此成为成都代称，一直沿用至今。

四、解丝成文

绞缬、夹缬、蜡缬、灰缬是中国古代的印花技艺，通过绑扎、夹持、涂蜡和草木灰等防染印花工艺，使得纺织品上出现美丽的花纹。这类技术的历史悠久，出土的北朝实物中就有见到，在唐代时已十分流行。

绞缬

绞缬又名撮缬、撮晕缬，民间通常称之为"撮花"，今天也称其为扎染，是一种对染前织物进行缝绞、绑扎、打结处理，使染液在处理部分不能上染或不等量渗透，从而达到显花目的的印花工艺及其制品。

绞缬在我国具有悠久的生产历史，据《二仪实录》记载："缬乃秦汉间始有，陈梁间贵贱通服之，隋文帝宫中，多与流俗不同，次有文缬小花，以为衫子，炀帝诏内外官亲侍者许服之。"从出土的实物来看，在甘肃敦煌的一处汉代遗址中就出土了一批用作书写材料的丝织物，其中一件断帛周围被染成红色，中间写字的部分仍然留白。据专家研究，这是当时机密文件传递时常用的方式，先将写好文字的部分卷扎，然后将其余部分染成红色，使其外观犹如一团普通的色绢。可以说，这是目前为止发现最早的绞缬实物。

到了魏晋时期，真正用于服饰图案的绞缬实物开始有了较多的发现（图3-37），在甘肃玉门花海魏晋墓、敦煌佛爷庙北凉墓、新疆吐鲁番阿斯塔那北朝至隋唐墓中都有出土。唐代之后的绞缬文物虽然所见不多，但仍可从文献记载中知此种绞缬产品依然很流行。《新唐书·舆

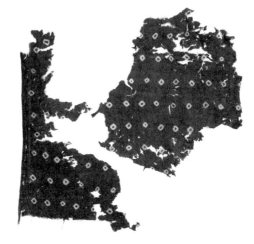

图3-37 红地绞缬绢（尉犁营盘墓地出土）

服志》载，民间妇女屡穿"青碧缬，着彩帛缦平头小花草履"。到了北宋时期，陶穀的《清异录》中还记载了一则"工部郎陈昌达好缘饰，家贫，货琴剑，作缬帐一具"的轶闻，为买绞缬帐子而倾家荡产，把仅有的值钱的古琴和宝剑卖掉，可见当时绞缬产品受民间欢迎的程度。

早期的绞缬文物图案多以小块、满铺的白色花纹为特点（图3-38）。唐代绞缬名目见于唐诗中的鱼子缬、象眼缬、醉眼缬、方胜缬等，都属于此类。到了宋元时期，绞缬的名目有所增加，如玛瑙缬、哲（折）缬和鹿胎缬等。其中关于鹿胎缬还有一个传说。淮南一名姓陈的农夫有一天在田里种豆子，忽然看见两位女子身穿紫色绞缬上襦、青色的裙子走过，当时天虽然下着大雨，但两个人的衣服都没有淋湿，从墙壁上挂着的铜镜中一看，原来这两位女子是两头鹿。这个故事记载在陶渊明的《搜神后记》中，这两位女子穿的就是一种紫色鹿胎纹的绞缬服装。据沈从文考证，当时的鹿胎缬主要有红、黄、紫三种颜色，以色为底，白点为花。

图3-38 北朝 绞缬绢衣（中国丝绸博物馆藏）

绞缬的流行还在于它的工艺简单、制作方便，因此极易推广普及。在绞缬制作中，最为简单的工艺是打结法，不需要任何针线，只要将织物打个结就能进行防染，产生的图案一般以直线图案为主；缝绞法是绞缬制作中最为典型的工艺，需要用针将线穿过织物，然后抽紧扎绞，进行染色，变化十分丰富；绑扎法则是将织物按点镊起，用线环扎，而后入染，形成色地白花效果。

●●●●夹缬●●●●

玄宗时柳婕好有才学，上甚重之。婕好妹适赵氏，性巧慧，因使工镂板为
杂花之象而为夹缬。因婕好生日献王皇后一匹，上见而赏之，因敕宫中依样制之。
当时甚秘，后渐出，遍于天下。

——《唐语林》引《因话录》

这个故事说的是唐玄宗的妃子柳婕好非常有才学，她有一个嫁给赵氏的妹妹
非常聪明，让工匠在型板上挖出各种花卉的形象，从而发明了夹缬。柳婕好的妹
妹在柳婕好生日时将一匹夹缬献给了王皇后，唐玄宗看到后非常欣赏，于是敕令
宫中依照柳婕好妹妹所献夹缬的纹样工艺等进行仿制。当时，夹缬在宫中还不是
很多见，后来慢慢流出宫外，流布天下（图
3-39，图 3-40）。

关于夹缬的制法，现代人研究讨论得很
多。沈从文认为"是用镂空花板把丝绸夹住，
再涂上一种浆粉混合物（一般用豆浆和石灰
做成），待干后投入染缸加染，染后晾干，

图3-39　唐 花鸟纹夹缬罗（中国丝绸博物馆藏）

图3-40　唐 绀地花树双鸟纹夹缬絁（日本
正仓院藏）

刮去浆粉，花纹就明白显出"。武敏则认为"夹缬印花技术史使用两页相同的花版，把织物（印坯）夹持在中间，从两面施印。使用夹版印花，必须将织物悬吊起来进行操作。悬吊操作，也要求使用双页印花夹版，以达到完满的印花效果"。赵丰等人则指出，"夹缬工艺的一般原理，是将两块表面平整并刻有能互相吻合的阴刻纹样的木板夹住织物进行染色。染色时，木板的表面夹紧织物，染液无法渗透上染，而阴刻成沟状的凹进部分则可流通染液，随刻线规定的纹样染成各种形象。待出染浴后释开夹板的捆缚时，便呈现出灿然可观的图案"。

蜡缬

蜡缬是一种使用蜡进行防染印花的产品，其制法是先以蜂蜡施于织物之上，然后投入染液染色，染后再进行除蜡而得到图案。

在织物上用蜡的方法很多。一种是用笔或者刀进行手绘，但这种方法的使用似乎并不广泛，主要流传在西南少数民族地区。另一种是用凸纹的点蜡工具蘸蜡点在织物上，称为"点蜡法"，工具通常被刻成一排圆点或一圈圆点，精致一点的则由圆点组成一朵小花，如新疆吐鲁番出土的一件西凉时期的蓝地蜡缬绢，其图案由七瓣小花和直排圆点构成（图3-41），采用的就是这种点蜡法。还有一种方法则是将蜡缬和夹缬相结合，首先像防染印花一样用镂空板在织物上上蜡，将板去除后投入染液，镂空处的蜡液起到防染作用，从而产生图案（图3-42）。关于这种方法，在宋代周去非的《岭外代答》中也有记载："瑶人以染蓝布为斑，其纹斑极细，其法以木板二片镂成细花，用以夹布，而熔蜡灌于镂中，而后乃释板取布投诸蓝中。布既受蓝，则煮布以取其蜡，故能受成极细斑花，灿然可观。"

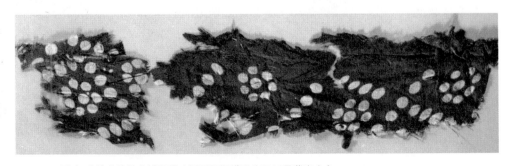

图3-41　西凉 蓝地菱格填花蜡缬绢（新疆阿斯塔那北区85号墓出土）

在中原地区，蜡缬使用的时间不长，因为中原地区产蜡甚少，而采蜡人在"荒岩之间，有以纠蒙其身，腰藤造险，及有群蜂肆毒，哀呼不应，则上舍藤而下沈壑"，需冒极大风险，因此没有使用很长时间就被替代品所替代。用来替代蜂蜡进行防染印花的是碱剂，因为唐代用碱多为灰，如草木灰、蛎灰之类，故称其为灰缬。

图3-42 唐 羊木蜡缬屏风
（日本正仓院藏）

灰缬

灰缬在操作时通常和夹缬的方法相结合，一般通过夹缬板将调有黄豆粉、草木灰、蛎灰之类的灰剂印在织物上进行防染，吐鲁番出土的唐代狩猎纹灰缬绢就是一例。这件织物采用的纹样是狩猎纹，主角为一身穿胡服大翻领的骑士，右手持弓，左手搭箭、拉弦，跃马回首，欲射身后的狮子，兔、鸟、花草等散见于狩猎纹间，远方还有象征性的山峦树林，造型十分生动活泼。织物原为浅黄色绢，通过夹的方法将织物对折后用夹板夹持，然后施以碱性成分的防染剂，打开夹板，进行染色，染得浅红色为地，防染剂处显花。有些灰缬产品在第一套防染剂中加入某种还原剂，使色绢地上产生白色的图案，然后再使用一般的灰剂进行第二次防染，经过两次防染最终达到两套色图案的效果（图3-43）。

灰剂对丝纤维的损伤较大，花部的丝纤维常成散丝状，而且易脆化。另一方面，随

图3-43 唐 绿地十样花灰缬
（中国丝绸博物馆藏）

着棉织物的普及且棉纤维耐碱，所以后来灰缬的工艺渐渐多用于棉织物，所得产品被称为蓝印花布或药斑布，在民间至今仍有生产。

五、线迹成章

刺绣也称绣花，是指用针引着绣线，按设计的图案在绣料上缝刺运针，以绣迹构成图案，最终形成作品的一种工艺手段。刺绣从战国时已较多见，最为著名的是顾绣，以及被誉为"中国四大名绣"的苏绣、湘绣、蜀绣和粤绣。

图3-44-A　明 顾绣《钟馗像轴》
（上海博物馆藏）

顾绣

露香园顾氏绣，海内驰名，不特翎毛、花卉，巧若生成，而山水、人物，无不逼肖活现，向来价亦最贵，尺幅之素，精者值银几两，全幅高大者，不啻数金。年来价值递减，全幅七八尺者，不过以一金为上下，绝顶细巧者，不过二三金，若四五尺者，不过五六钱一幅而已。然工巧亦渐不如前。前更有空绣，只以丝绵外围如墨描状，而著色雅淡者，每幅亦值银两许，大者倍之。近来不尚，价值愈微，做者亦罕矣。

——《阅世编》卷七

顾绣是以家族姓氏名世的一个绣种，在中国织绣史上扮演着重要的角色。顾绣发轫于明末上海露香园顾氏家族的女红刺绣，既继承了之前画绣的传统，又在诸多方面有所创新，成为明末乃至后世长盛不衰的一个绣种（图3-44）。顾绣的主要特点，正如乾隆《上海县志》

所记载的，"顾氏露香园组绣之巧，写生如画，他处所无"，"其法劈丝为之，针细如毫末"。顾绣往往绣绘相合，所以乾隆《上海县志》中说"露香园遗制，俱劈丝，为山水花鸟，俨然生动。顾绣画幅，亦有人物、山水、花鸟各项色样"，褚华《沪城备考》附录中也称"顾氏露香园绣，今邑中犹有存者，多

图3-44-B　明　顾绣《钟馗像轴》局部

佛像、人物、鸟兽、折枝花卉"。顾绣常用的针法有散套针、擞和针、抢针、施针、接针、滚针、铺针、网绣、钉金绣、扎针、编针、松针、打籽针、刻鳞针等。顾绣的广泛传播，在一定程度上也带动了苏绣的发展和进步。

韩希孟　錏綉

尚宝祖孙寿潜，字旅仙，能画山水，为董文敏所称，工诗，著有《烟波叟集》。其妇韩希孟，工画花卉，所绣亦为世所珍，成为韩媛绣。其实皆顾绣也。

——《骨董琐记全编》

　　韩希孟，大致生活于万历后期至崇祯年间，其艺术活动主要在崇祯时期。她是露香园顾名世的孙媳妇，她的丈夫顾寿潜能诗善画，师从董其昌。所以顾、韩夫妇能画绣相合，相得益彰。北京故宫博物院所藏的八开《韩希孟顾绣册》由董其昌题跋，对韩希孟的善画花卉且刺绣极为精绝有很高的评价。顾寿潜在北京故宫博物院所藏的八开明崇祯《韩希孟绣宋元名迹册》（即《韩希孟顾绣册》）的题识也对韩希孟的高超技法有生动的描述。据现在传世的韩希孟的绣作，可以知道她经常在绣品上绣有"武陵""绣史""韩氏女红""韩氏希孟"等印记（图3-45，图3-46）。韩希孟在中国刺绣史上的地位，在明清时期几乎可以说是无人能敌。这主要在于韩希孟本人具备较高的文化素养，能诗善画，认为画、绣"理同而功异"。

图3-45 明 《韩希孟绣宋元名迹册·洗马图》（北京故宫博物院藏）

图3-46 明 《韩希孟绣宋元名迹册·洗马图》题识（北京故宫博物院藏）

苏绣

苏绣是苏州地区的代表性刺绣，以苏州镇湖刺绣最为有名，后被誉为中国四大名绣之一，并于2006年列入国家级非物质文化遗产名录。

苏绣历史悠久。相传三国时，吴王孙权命赵达丞相之妹手绣列国图，在方帛上绣出五岳、河海、城邑、行阵等图案，有"绣万国于一锦"之说。《清秘藏》中说"宋人之绣，针线细密，用线一二丝，用针如发细者为之。设色精妙，光彩射目。山水分远近之趣，楼阁得深邃之体，人物具瞻眺生动之情，花鸟极绰约嚘唼之态，佳者较画更胜"，将苏绣的特点描述得淋漓尽致。明朝以唐寅（伯虎）、沈周为代表的吴门画派，也起到了推动苏绣发展的作用。绣工们以他们的绘画作品为绣稿，"以针作画"，绣出的作品十分逼真和生动。清朝时，苏绣在绣制技术上有了进一步的发展，并以"精细雅洁"而闻名（图3-47），仅苏州一地专门经营刺绣的商家就有65家之多，当时的苏州也有了"绣市"的誉称。

由于苏州是"人间天堂"，艺人们生活在到处可见小桥、流水、亭台、楼阁、园林等极富诗意的江南姑苏古城，因此，造就了苏绣独特的艺术风格必定是图案秀丽、绣工精致、色彩清雅、针法灵活。人物、宠物、花鸟、风景、静物等

图3-47　清 苏绣团凤花卉（中国丝绸博物馆藏）

成为其主要的题材，宫廷使用的服饰，以及被褥、帐幔、靠垫、香包、扇袋等陈设和生活用品，大多出自苏绣。尤其是精美的"双面绣"，更成为御用，以及赠送用的高档礼品。

苏绣常常以套针为主要针法，绣线套接不露针迹，通常用三四种同一色相但不同深浅的丝线套绣出晕色的效果。苏绣的技巧可归纳为"平、光、齐、匀、和、顺、细、密"八个字。

沈寿 　　鏫礤

沈寿，原名雪芝，字雪君，号雪宧，绣斋名为"天香阁"，故别号"天香阁主人"，1874年出生，江苏吴县人（图3-48）。她的父亲沈椿，曾在浙江任盐官，因酷爱文物和收藏，后来开了一个古董铺。雪芝有三位兄长和一位姐姐，从小随父亲识字读书。家中丰富的文玩字画收藏给了她很好的艺术熏陶，培养了较高的鉴赏能力。小时候，雪芝常去位于苏州城外的木渎的外婆家，那里几乎家家养蚕，户户刺绣，堪为"苏绣之乡"，并对刺绣产生了浓厚的兴趣。她八岁时就在姐姐沈立的带领下，开始学习刺绣，因其天资聪慧，又非常好学，进步很快。起初，她主要绣些家庭小件的生活用品，后来，将家中收藏的名画作为蓝本，进行刺绣，

图3-48 沈寿

效果奇好，成为艺术性很强的作品，因此闻名苏州。

雪芝二十岁嫁给丈夫余觉（名冰臣，又名兆熊），他是浙江绍兴人，出身书香世家，能书善画，后居住于苏州。夫妻俩一个擅长绘画，一个善于刺绣，于是一个以笔代针，一个以针代笔，在同一幅作品上画绣结合，相得益彰。

光绪三十年（1904）十月，是慈禧太后的七十寿辰。清政府谕令各地进贡寿礼。余觉得知消息后，听从友人们的建议，从家藏的古画中选出《八仙上寿图》和《无量寿佛图》作为蓝本，雪芝请了几位刺绣能手一齐赶制寿屏进献。慈禧见到《八仙上寿图》和另外三幅《无量寿佛图》，大加赞赏，称为绝世神品，授予雪芝四等商部宝星勋章，并亲笔书写了"福""寿"两字，分赐余觉夫妇。从此，雪芝更名沈寿，余觉也改名余福。此后，慈禧责成商部成立女子绣工科，派余觉担任总办，沈寿担任总教习，这是中国第一所正式的绣艺学校。

1911年，沈寿绣成《意大利皇后爱丽娜像》，作为国礼赠送意大利，并在意大利都朗博览会上展出，荣获世界荣誉最高级卓越奖。1915年，沈寿绣的《耶稣像》（图3-49）在美国旧金山举办的巴拿马太平洋万国博览会上展出，获得一等大奖。而且，沈寿将西洋油画的光与影在中国刺绣上得以运用，利用光影效果将明暗度处理得非常逼真，因此也称"写真绣"。

1920年，南通翰墨林印书局出版发行了《雪宦绣谱》，这是我国第一部系统总结刺绣理论的著

图3-49 沈寿绣品《耶稣像》

作，是沈寿四十年艺术实践的结晶。该绣谱分绣备、绣引、针法、绣要、绣品、绣德、绣节、绣通共八章，由沈寿口述，张謇笔录编著完成。

湘绣

湘绣是中国四大名绣之一，是湖南地区的代表性刺绣，于 2006 年列入国家级非物质文化遗产名录。

湘绣主要以丝绸为绣料。以中国人物、动物、山水、花鸟画为主要题材，运用七十多种针法和一百多种颜色的绣线绣制，擘丝精细、细若毫发，各种针法非常富有表现力，构图严谨、色彩鲜明、形象生动逼真、质感强烈、风格豪放，曾有"绣花花生香，绣鸟能听声，绣虎能奔跑，绣人能传神"的美誉（图 3-50）。

湘绣的历史很悠久，究竟从何时开始，尚无确切定论。但说起湘绣，人们不禁会联想到 1972 年长沙马王堆一号西汉墓出土的绣品。虽然不能确认其一定是湘绣，其锁绣针法与中国其他地区发现的同时期的绣品的工艺特点差别不明显，但因出土于长沙且数量众多，图案风格带有楚文化和中原文化的特点，且墓主人为西汉轪侯家族，因此属当地刺绣的可能性应该较大。

"湘绣"这个名称的出现应在清光绪年间。光绪二十四年（1898），著名绣工胡莲仙的儿子吴汉臣在长沙开设了第一家自绣自销的"吴彩霞绣坊"，该绣坊的作品绣作精良，迅速流传到各地，湘绣从此闻名全国。宁乡画家杨世焯也大力倡导湖南民间刺绣，经常深入绣坊，绘制绣稿，并创造和丰富了多种针法，提高了湘绣的艺术水平。光绪末年，湖南的民间刺绣以独具的风格和鲜明的地

图3-50　清 彩绣芙蓉鹭鸶图（北京故宫博物院藏）

方特色成为一种手工艺商品而走入市场（图3-51）。

图3-51　当代　湘绣《虎》（湖南湘绣研究所藏）

●●●● 蜀绣 ●●●●

蜀绣又称川绣，是四川成都地区的代表性刺绣，后被誉为中国四大名绣之一，于2006年列入国家级非物质文化遗产名录。

蜀绣较早见于汉赋家扬雄笔下，其《蜀都赋》云"若挥锦布绣，望芒分无幅"。他在《绣补》一诗中也对蜀绣给予了很高的赞誉。在汉末，蜀绣与蜀锦誉满天下。晋代常璩在《华阳国志·蜀志》中，则明确提出蜀绣和蜀中其他物产，包括璧玉、金、银、珠、碧、铜、铁、铅、锡、锦等，皆可视为"蜀中之宝"。最初，蜀绣主要流行于川西民间，五代十国时期，四川相对安定的社会局面为蜀绣的发展提供了有利的条件，从而使其成为主要的财政来源和经济支柱。

唐代末期，南诏进攻成都，除了掠夺蜀锦、蜀绣外，还大量劫掠蜀锦、蜀绣工匠。至宋代，蜀绣的发展达到鼎盛时期，文献称蜀绣技法"穷工极巧"。

至清朝中叶以后，蜀绣在保持当地传统技法的同时，吸取了顾绣和苏绣的优点并逐渐形成产业，成都的刺绣手工作坊以成都九龙巷、科甲巷一带最为著名（图3-52，图3-53）。清政府于光绪二十九年（1903）在成都成立四川省劝

图3-52　清 彩绣花蝶图（北京故宫博物院藏）

图3-53　清 彩绣花鸟图（北京故宫博物院藏）

工总局，内设刺绣科，聘请名家设计绣稿，同时钻研刺绣技法。当时，一批有特色的画家画作，如刘子兼的山水、赵鹤琴的花鸟、杨建安的荷花、张致安的虫鱼等入绣，既提高了蜀绣的艺术欣赏性，同时也产生了一批刺绣名家，如张洪兴、王草廷、罗文胜、陈文胜等。张洪兴等名家绣制的动物四联屏获巴拿马赛会金质奖章。张洪兴绣制的狮子滚绣球挂屏得清王朝嘉奖，授予五品军功，为蜀绣赢得很高的声誉。当时，蜀绣的生产品种主要是服装、礼品、花边、嫁奁、彩帐和条屏等。

民国以后，蜀绣成为家常日用品的范围越来越广，有服装、鞋帽、床上用品、室内装饰品和馈赠礼品等。随着刺绣范围和题材的推广，蜀绣的装饰性体现得更为明显，以历代名画作为刺绣图稿的蜀绣作品也大量涌现。抗战时期，文化中心南迁，许多画家和技工来到成都，蜀绣得以进一步发展。

蜀绣的技艺特色主要是平顺光亮、针脚整齐、施针严谨、掺色柔和、虚实得体。针法至少有一百种以上，如五彩缤纷的衣锦纹满绣、绣画合一的线条绣、精巧细腻的双面绣和晕针、纱针、点针、覆盖针等，都是十分独特而精湛的技法。

●●●●粤绣●●●●

粤绣泛指广东地区的绣品，由广州的"广绣"和潮州的"潮绣"组成，后被誉为中国四大名绣之一，于2006年列入国家级非物质文化遗产名录。

粤绣历史悠久，唐代《杜阳杂编》记载，永贞元年（805），南海（即今广州市）贡奇女卢眉娘在一尺绢上绣《法华经》七卷，"字之大小，不逾粟粒""点画分明，细如毫发，其品题、章句无不具矣"。她又绣制阔一丈的《飞仙盖》，上面绣有山水、神仙、玉女，"执幢、捧节童子亦不啻千数"。唐顺宗曾嘉奖其工，谓之视姑。

粤绣在明代已非常著名。《存素堂丝绣录》《纂组英华》等书介绍明末清初的粤绣，说"铺针细于毫芒，下笔不忘规矩，其法用马尾于轮廓处施以缀绣，且每一图上必绣有所谓间道风的飞白花纹，所以成品花纹自然工整"。据《存素堂丝绣录》记载，清代宫廷曾收藏有明代粤绣博古围屏等八幅，上面绣制古鼎、器、玉器等九十五件，"铺针细于毫发，下针不忘规矩"，有的"以马尾缠作勒线，从而勾勒（轮廓）之"，图案工整，"针眼掩藏，天衣无缝"，充分显示了明代粤绣的高超技艺。明代粤绣还以孔雀尾羽捻成丝缕，绣制成服装和日用品等，金翠夺目、富丽华贵。清代乾隆二十二年（1757），清高宗诏令西方商舶只限进广州港，促进了粤绣的发展，使粤绣名扬国外。乾隆五十八年（1793），广州成立刺绣行会"锦绣行"和专营刺绣出口的洋行，对绣品的工时、用料、图案、色彩、规格、绣工价格等，都有具体的规定。乾隆年间，广东潮州也成为粤绣的主要产地，有绣庄二十多家，绣品通过汕头出口泰国、马来亚（今新加坡和马来西亚）等国。光绪年间，广东工艺局在广州举办缤华艺术学校，专设刺绣科，致力于提高刺绣技艺，培养人才。潮州刺绣艺人林新泉、王炳南、李和彬等二十四人绣制的郭子仪拜寿、苏武牧羊等作品，在1910年南京南洋劝业会上获奖，在当地被誉为"刺绣状元"。著名艺人裴荫、鲁炎在1923年伦敦赛会上现场表演粤绣技艺。

粤绣的特点是用线种类繁多、配色对比强烈、构图繁复热闹，常用缎和绢做地，尤以富有浮雕效果的垫高绣法而异于其他绣种。粤绣的另一个特点是绣工多为男工。粤绣的针法非常丰富，以套针、施毛针、擞和针为主。钉金绣、金绒绣也很著名。它常常以民间喜爱的百鸟朝凤、孔雀开屏、杏林春燕、三阳开泰、松鹤猿鹿等题材组成热闹的画面，以花纹繁茂、色彩富丽夺目而著称（图3-54，图3-55）。

图3-54　清　三阳开泰挂屏（北京故宫博物院藏）

图3-55　清　花鸟纹绣（中国丝绸博物馆藏）

图3-56 杨守玉

民国时期，各地纷纷开设女子学堂，如南通女工教习所、正则女校、苏州女子职业学校等，这些学校开始有专门的课程传授刺绣技艺。此时的中国刺绣工艺，除了沿袭传统外，西方艺术的传入也使得它开始向现代设计演变，出现了不少勇于向西方学习、改革传统的刺绣名家。乱针绣的创始人杨守玉就是其中著名的一位大师（图3-56）。

杨守玉，原名韫，字瘦玉，光绪二十二年（1896）生于常州一个书香门第，祖父曾经做过清朝的福建道台。常州当地的民间刺绣发达，绣娘云集，有深厚的刺绣传统。杨守玉从小跟随表姐学习刺绣技艺，并和表哥刘海粟一起学习绘画，打下了扎实的基本功。她后来在武进县立师范求学期间又跟随著名画家、美术教育家吕凤子学习绘画，毕业后于民国四年（1915）进入由吕凤子创立的江苏丹阳正则女子职业学校担任绘画教师，民国九年（1920）改任刺绣科主任（图3-57）。

图3-57 正则女校刺绣专业部分教师合影

受到当时大环境的影响，艺术领域也经历着中西文化的融合，画家出身的吕凤子认为传统刺绣中的花鸟虫鱼重形似而不重神韵，所以显得呆滞无神，而配色也落于俗套。他希望能把传统刺绣技法和西方绘画原理相结合，以色丝为丹青，使绘画与刺绣融为一体。在吕凤子创作思想的影响下，经过多年的不懈努力和反复试绣，到二十世纪二十年代后期，杨守玉终于创制出一种以水粉画为底稿，运针纵横交叉、长短不一的乱针绣法，当她的乱针绣作品《老人头像》《少女与天鹅》等在国内外展出时，引起了极大的轰动。当时吕凤子曾建议将这种创新的刺绣工艺命名为"杨绣"，但为人谦逊的杨守玉坚辞不受，便用校名命名为"正则绣"，又称乱针绣、针画。

与"密接其针、排比其线"的苏绣等传统刺绣相比，乱针绣以西洋绘画为基础，讲究光线的明暗度和色彩的对比度，细节刻画不像传统针法那样细密、排列整齐，而是通过绣线一次次加色，一层层绣制，看似针法紊乱、毫无规则，但在错综复杂之中，一针一线皆含有精细理法（图3-58）。因此，乱针绣作品远看立体感很强，栩栩如生，具有西洋油画的光色透视效果。另一方面，乱针绣的题材十分广泛，自然风光、人物肖像、抽象作品，甚至摄影作品，都可成为绣工的选择。这些题材多以现实生活为依据，因此很容易引起观者的共鸣。

图3-58　杨守玉作品《少女》

可以说，由杨守玉创立的这种乱针绣是将我国传统刺绣工艺和西洋油画融为一体的创举，也是对我国几千年绣法的一大突破，其作品具有强烈的立体感和独特的艺术特色，为我国刺绣从工艺品发展成为艺术品做出了不可替代的贡献，为中国刺绣发展树立了新的里程碑。

六、锦缎留香

织锦缎、古香缎、像景是中国近代史上独具特色的纺织品，直至今日，这些传统品种还被保留并应用着。

织锦缎

从明代开始，缎类织物成为丝绸的主流品种，传统缎织物以南京所产为最佳（宁缎），杭州（杭缎）、苏州、荆州等地亦多生产。民国时期，缎类织物仍然是应用最为广泛的品种之一，除了传统品种外，随着机器化生产的推进，大量的缎类织物新品种被创织出来，其品种繁多，而且所用组织结构各异。因为生产这些织物的"提花机关"（即贾卡提花龙头）大多用铁制造，所以也被统称为"铁机缎"（图3-59），纬成缎、克利缎、金玉缎、巴黎缎等均属于此类，可见贾卡提花龙头引进对缎类织物发展的影响和促进作用，织锦缎是其中最具代表性的产品。

图3-59 民国 铁机缎（中国丝绸博物馆藏）

织锦缎诞生于二十世纪三十至四十年代，随着双面双梭箱织机和棒刀的运用而大为流行。它是一种纬三重结构的提花缎织物，由一组经线和三组纬线交织而成，其中甲、乙两组纬线为常抛，颜色不变；丙纬为彩抛，即根据图案位置的需要分段换色，从而使织物表面色彩更加丰富。在地部由甲纬和经线交织成八枚经面缎纹，背衬乙、丙纬与经线交织成八枚或十六枚缎纹，花部则由甲、乙、丙纬根据图案要求各自以纬浮长的形式起花，有时也会在局部使用平纹或其他组织的暗花来丰富织物的层次。因此，织锦缎虽然名为"织锦"，但与传统意义上的锦类织物多采用两组经线（夹经和明经、地经和特结经、表经和里经）

与数组纬线交织形成重组织结构不同，其在组织上更多地继承了采用一组经线与多组纬线进行交织的花名织物等地结类重织物的结构特点。

织锦缎所采用的图案以传统题材为主，比如龙、凤、孔雀等具有祥瑞含义的珍禽异兽，龙凤图案是其中较具代表性的一种。龙凤图案曾是统治者专属的身份与权威的标志，但随着辛亥革命后封建帝制被推翻，其作为地位象征的标志性功能被削弱，成为一种纯粹的吉祥图案，出现在普通人的生活中。民国时期，织锦缎中的龙纹，不如明清时期丰富（明清时期有过肩龙、行龙、正龙、升降龙、子孙龙等多种形式），最为常见的是以圆形或团形架构呈现的团龙图案。而凤纹则常以与牡丹图案穿插组合的形式出现。这种在遍地花卉中穿插鸟禽瑞兽的图案布局在唐末五代时已见端倪，宋元时期更为发展，被统称为"凤穿牡丹"，用来表达"富贵吉祥"的主题。民国时期织锦缎中的这类图案基本上延续了传统的设计，并无大的变化，仍然是以缠枝牡丹纹做骨架，然后在其中织入鸾凤（图3-60）。

梅兰竹菊等花卉植物图案也是当时织锦缎中最为常见的图案题材之一，深受人们的喜爱（图3-61）。比如中国十大名花之一的菊花象征长寿、吉祥，在民国时期的织锦缎中十分常见。但与传统相比，随着时代的发展，这个时期的菊花图案出现了很多新变化。首先是传统的缠枝、串枝等造型已较少使用，所见多为独朵的菊花图案；其次，在排列方式上，传统连缀排列法的使用逐渐减少，以采用散点或不规则排列法较为多见，穿插自由；第三，在造型上，也更趋向立体化写实。

图3-60　民国 织锦缎中的凤穿牡丹（台湾创价协会藏）

图3-61　民国 花果盆景织锦缎（私人收藏）

● 古香缎 ●

古香缎由织锦缎衍生而来，它的花部组织结构与织锦缎相同，两者之间的主要区别在于：织锦缎的地部结构由甲纬和经线交织，背衬乙、丙两色纬线，是一种纬三重的结构；而古香缎的地部则由甲、乙纬与经线交织成组合经面缎纹，背衬丙纬的缎纹组织，是一种纬二重的结构。因此与织锦缎相比，古香缎生产成本大为节省，但表观效果十分类似，这也是古香缎被创制出来的主要原因之一。

另一方面，由于产品的纬密大大降低，古香缎的缎面不如织锦缎光亮和丰满。同时，由于地部由甲、乙两色纬线织成，地部隐约出现两种颜色，不如织锦缎的地部纯净。为弥补此项缺点，古香缎的图案多以精细的山水风景和亭台楼阁为主，这类古香缎也被称为"风景古香缎"（图3-62）。这种将风景织入丝绸的产品在清代已经出现，明厉鹗的《东城杂记》中提到了一种"西湖景"的织物，谓"十样西湖景，曾看上画衣。新图行殿好，试织九张机"。但传世的清代风景织物不多，多见于马面裙的马面处，且多用妆花或织锦的工艺织造，这些图案所用线条十分简洁，造型上只表现出建筑、风景等的大致轮廓。民国时期风景古香缎的图案较多地延续了清代织物的风格，以线条和块面平涂的方法来表现湖山风景，而棒刀、多梭箱装置和提花龙头等新型机械的运用，使得古香缎的图案较清代妆花和织锦织物更为细腻，并且可以较为清晰地表现出后者较难表现的门帘、雕花等建筑物的细节部分。

图3-62　民国 江南风景古香缎（私人收藏）

除了延续传统外，民国时期古香缎的图案中还出现了一些颇具时代特色的图案，如人力车。

所谓人力车是一种用人力拖拉的双轮客运车辆，因发源于日本人而又被称作"东洋车"，其英文名"Jinricksha"也源于日文。清同治十三年（1874），法籍商人米拉为了在中国经营人力车交通运输业，将其从日本引入。民国初年，为了突出经营性的人力车，将其车身一律漆上桐油或黄色的油漆，因而得名黄包车。早期的黄包车车身高大，木轮外包镶铁皮，行路颠簸，一般人都不愿问津。后经改良，将车身放低，木轮改为新式钢丝胶带充气轮，行驶时变得轻巧、平稳，乘客再无震颤之苦，又因机动灵活、随叫随到，且可深入僻街小巷，因而大为流行。因此在电车和公共汽车出现后，虽然小车和马车先后被淘汰，唯独黄包车的生命力依然旺盛，成为人们的主要代步工具，直到二十世纪四十年代末才逐步被三轮车所取代。民国时期古香缎中出现的这种图案，通常表现为一名车夫拉着一辆载有妇人的黄包车的形象，并与亭台、山树和繁花等风景相结合，穿越其间（图3-63）。相对于较为写实的风景图案，人物的表现极为抽象，只用几根简洁的线条勾勒出大致的轮廓，但由于使用了多重色纬和根据花形位置的需要分段换色的设计，画面的整体色彩依然十分丰富。

图3-63　民国　古香缎中的人力车（清华大学美术学院藏）

都锦生与像景

像景织物发轫于十八、十九世纪的欧洲，最初被用来织造商标和书签，后又发展出丝织人像和风景织物，并因此得名（图3-64）。英语中将像景织物称为"斯蒂文画"（Stevengraphs），名字来源于英国一位名叫托马斯·斯蒂文的丝织业者，他所生产的像景织物在维多利亚后期达到其发展的繁荣时期，生活中的各种事物都可以成为其表现对象，从流传下来的产品看，有肖像画、历史题材、运动场面、交通工具等。

图3-64　英国像景《驯马师》

民国时期，随着新型织机、原材料和工艺的引进和应用，中国的丝织业逐步实现了近代工业化的进程，而技术进步必将带来产品的更新换代。传统的提花锦缎由于受人工限制，不能织造太复杂、循环太大的图案，但贾卡织机的使用让这一切变得容易，织工们只需换一套纹板就可以改变图案。在这种技术背景下，像景在中国开始兴起，并以鲜明的中国特色谱写了像景的再度辉煌。而正如斯蒂文由一个人的名字变成英国一种产品、一个产业的名称一样，中国像景织物的产品和产业，也是以一个杭州人的名字来成就的，他就是都锦生（图3-65）。

都锦生年轻时曾在浙江甲种工业学校机织科求学，掌握了从设计到织造的全套丝织工艺，毕业后又在乙种工业学校担任纹制工场管理员和图案画老师。教学之余，爱好自然风光的都锦生常突发奇想，想把家乡的美景织成丝绸风景，让人们欣赏留念，于是他开始尝试利用不同的阴影组织来表达风景的层次、远近、阴面和阳面。民国十年（1921），一幅7英寸×5英寸的丝织风景《九溪十八涧》终于试织成功

图3-65　都锦生

（图 3-66）；第二年"都锦生丝织厂"的招牌在茅家埠都家门口挂了起来，日后闻名全国的都锦生丝织像景就这样正式投产了。此后，启文、国华等其他丝织厂也纷纷仿效生产，使像景织物的生产和应用越来越广泛。

图3-66　着色黑白像景《九溪十八涧》（中国丝绸博物馆藏）

　　当时常见的像景织物大体可以分为三类。风景像景是其中的最重要题材，其中又以平湖秋月、三潭印月等西湖十景和西湖全景图最受欢迎。此外，北京、上海、苏州、南京、宁波等地的名胜风景，甚至一些国外的著名景点或城市风光，如美国黄石公园、加拿大尼亚拉加大瀑布等，也都出现在当时的像景织物上（图3-67）。人物像景是另一个重要组成部分，除了孙中山、班禅、耶稣等中外名人、领袖和宗教人物外，当时都锦生丝织厂还向社会推出了定织丝织人像的业务，分为 7 英寸、10 英寸、15 英寸、17 英寸四种，定织的数量越多，价格的优惠幅度也越大。还有一类是以绘画作品为主要表现题材，黑白像景是中国的水墨国画，特别是以工笔画、写意画，以及以工代写的国画为最主要的表现载体。而在内容上，山水画、人物画和花鸟画则是像景的主要表现对象。其中最有名的作品

图3-67　都锦生样本中的加拿大瀑布

就是都锦生丝织厂生产的唐寅《宫妃夜游图》，像景以黑白影光组织表现，在织成后根据原画着色，将其风格真切如生地显示出来，取得了完美的效果，并于民国十五年（1926）获得美国费城国际博览会的金质奖章（图3-68）。

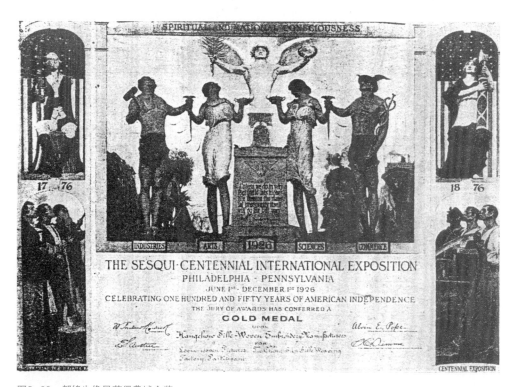

图3-68　都锦生像景获得费城金奖

第四章
天上人间——纺织纹样

  古代有精美图案的纺织品主要集中体现在丝绸上。麻布基本为素。毛织物的纹样大多是简单的几何纹、植物纹，用印花或刺绣工艺来实现，当然，有少量缂毛织物的纹样也精彩非凡。棉织物的花纹主要为彩条纹、方格纹和彩印花卉纹样，直至清代以后，其图案才不断丰富，主题与同时代的工艺品一致。而丝绸上的图案却可谓五彩缤纷、绚丽多姿。唐代大诗人白居易曾有《缭绫》一诗，诗中对缭绫这一丝织品的描述为"天上取样人间织""织为云外秋雁行"。这些诗句是对丝绸图案来源和特点的生动写照。丝绸纹样主要得益于丝织技术的不断进步与发展，是社会政治、文化和艺术的呈现，是人们审美意识的反映，更是权力等级的象征。

  丝绸图案从早期模仿自然景象的山形纹、云雷纹等几何图案，至战国秦汉人们向往神仙般生活而创造出的仙气连绵、云烟缭绕、神兽奔走的纹样，到唐代受外来文化影响的联珠纹、具有大唐风范的宝花纹，以及宋代皇家画院注重写生花鸟的风气使丝绸纹样从天上走向人间，明清时期的纹样更是图必寓意、言必吉祥。丝绸纹样反映了人们的精神天堂与生活世界。

一、异域情致

自西汉丝绸之路开通以后，中西文化和技术广泛交流并逐渐融合。魏晋南北朝时，纺织品上大量出现了来自丝绸之路沿途的异域神祇、珍禽奇兽和宝花异草图案。

●●●联珠团窠纹●●●

"窠"在《说文解字》中有"空也"，还有"框格"的意思；而"团"即"圆形"。那么"团窠"即为"圆形的框格"，并经常以四方连续的方式排列。

联珠团窠纹是指大小基本相同的圆圈或圆珠连接排列形成圆形的骨架，有单圈联珠和双圈联珠，联珠团窠之中再填以各种植物或动物等纹样。联珠在魏晋时期稍小，到唐代逐渐变大，窠内填以动物、花卉等图案。最常见的是联珠动物纹和联珠小花纹。

联珠动物纹最初进入中国时是大团窠的联珠，在窠内填有大鹿、猪头、大鸟等。大鹿身强力壮，是一种马鹿，这种造型应来自西亚（图4-1）。猪头感觉

图4-1-A 唐 联珠对鹿纹锦（中国丝绸博物馆藏）　图4-1-B 唐 联珠对鹿纹锦图案复原（冯荟绘）

威猛无比，特具装饰性，大脑袋、大眼睛、大獠牙，传说它是波斯伟力特拉格纳神的化身（图4-2）。大鸟挺胸昂立，嘴衔联珠绶带，后颈也飘系联珠绶带。这类大窠、独个动物的联珠动物纹锦在新疆吐鲁番有不少发现，被认为是经典的波斯风格。而在受到这些外来风格影响的同时，中国织工在此基础上也进行了吸收和创新，一种小窠的联珠动物纹出现了，窠内的动物由单个变化为双个，相对排列，有对鸟、对马、对鹿、对羊等（图4-3），有的甚至将汉锦风格直接沿用在这里，将吉、山等汉字织入其中。

图4-2　唐　联珠猪头纹锦（中国丝绸博物馆藏）

团窠联珠小花纹也很有特色，一般联珠团窠的直径在5厘米左右，窠内填以小花，以圆芯对称，联珠窠之间加饰十样花，也称宾花。此时的联珠纹已不占主要地位，完全与花融合，从全貌来看，更像小团花(图4-4)。

图4-3　唐　团窠联珠对羊纹锦（中国丝绸博物馆藏）　图4-4　唐　团窠联珠小花纹（新疆阿斯塔那墓出土）

陵阳公样

　　窦师纶，字希言，纳言陈国公抗之子。初为太宗秦王府咨议、相国录事参军，封陵阳公。性巧绝，草创之际，乘舆皆阙，敕益州大行台检校修造。凡创瑞锦、宫绫，章彩奇丽，蜀人至今谓之陵阳公样。官至太府卿、银、坊、邛三州刺史。高祖、太宗时，内库瑞锦对雉、斗羊、翔凤、游麟之状，创自师纶，至今传之。

——《历代名画记》卷十

这个故事说的是陵阳公窦师纶聪明机巧，在担任益州大行台检校修造的时候创造了新的纹样风格——瑞锦、宫绫。这种纹样风格以窦师纶的封号命名，被称作"陵阳公样"。陵阳公样的具体纹样就是对雉、斗羊、翔凤、游麟等。根据文献记载，很难对陵阳公样有一个具体形象的了解。幸运的是，唐代的丝绸有不少存世品，可以从中一窥陵阳公样的具体纹样。唐代丝绸保存到今天，较为集中的有敦煌藏经洞等处。藏经洞中曾经出有吉字葡萄中窠立凤纹锦残片一片，它的主体纹样为由葡萄藤叶缠绕而成的团窠内立一单脚站立的凤凰。类似的团窠立凤锦在青海都兰唐墓中也能见到（图4-5）。这一类团窠也就是唐朝时期的"陵阳公样"。按照记载，这种纹样风格曾风靡唐代二百余年。

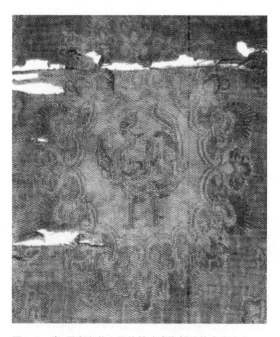

图4-5 唐 团窠宝花立凤纹锦（青海都兰热水出土）

现代学者也对"陵阳公样"做过细致的研究。赵丰曾考证陵阳公样的基本式样为花环团窠和动物纹样的联合。同时，他还指出陵阳公样所使用的团窠环可分为三种类型：一为组合环，如花瓣加联珠、卷草加联珠、卷草加小花；二为卷草环，唐诗中"海榴红绽锦窠匀"所咏的应该就是此类，敦煌藏经洞出土的吉字葡萄中窠立凤纹锦也属此类；三为花蕾形的宝花环，又据其蕾形分为显蕾式、藏蕾式、半显半藏式，中国丝绸博物馆藏的团窠立狮宝花纹锦就属于这一类（图4-6）。

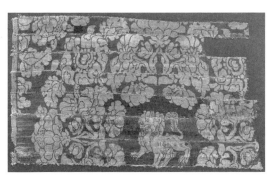

图4-6-A 唐 团窠立狮宝花纹锦（中国丝绸博物馆藏）　　图4-6-B 唐 团窠立狮宝花纹锦图案复原图

大唐新样 鏈瘝

　　唐卢氏子不中第，徒步及都城门东。其日风寒甚，且投逆旅。俄有一人续至，附火良久，忽吟诗曰："学织缭绫功未多，乱投机杼错抛梭。莫教宫锦行家见，把此文章笑杀他。"又云："如今不重文章事，莫把文章夸向人。"卢愕然，忆是白居易诗，因问姓名。曰："姓李，世织绫锦。离乱前，属东都官锦坊织宫锦巧儿，以薄艺投本行。皆云：'如今花样，与前不同。'不谓伎俩儿以文绣求售者，不重于世，且东归去。"

——《太平广记》卷二百五十七引《卢氏杂说》

　　这个故事讲的是唐朝时，有一个未曾中第的卢姓子弟，在投宿旅馆时遇见一个织宫锦巧儿，也就是宫中织造宫锦的织工，在他们的对话中，织宫锦巧儿提到了当时"如今花样，与前不同"。那么当时织锦上的花样又有何不同呢？这就牵扯到当时所谓的"新样"。"新样"一词最早见于《旧唐书·苏颋传》，上面记载开元八年（720），苏颋"除礼部尚书，罢政事，俄知益州大都督府长史事。前司马皇甫恂破库物织新样锦以进，颋一切罢之"。从这段记载中可知"新样"是开元年间皇甫恂所创制的。

　　那么"新样"到底是什么花样呢？这在诗歌中经常见于唐朝人的吟咏。大

图4-7 唐 花鸟纹锦（新疆阿斯塔那墓出土）

体上而言，"新样"主要流行于唐朝的蜀地，就图案内容来说，主要有彩蝶、雁、莺、凤、花草、葵等（图4-7）；就表现形式来说，则以生动的折枝、缠枝花鸟为主。所谓的新样，其实就是"陵阳公样"之后新近流行的花样。学者认为，新样在唐代的流行主要有多方面的原因。这些原因主要为：一是显花技术的发展。"唐代中后期出现了纬线显花的织法，这在显花技术上是一大进步。一架织机完全不改变经线和提综顺序，只要改换纬线的颜色，就可以织出花型相同而色彩各异的织品来"。二是唐朝后期，花鸟画渐为兴盛，作为独立的画科走上画坛，对"新样"的传播起到了重要的促进作用。三是官服纹饰的影响。文宗时规定各品官服上有各自使用的纹样，其中以花鸟为主。

●●●宝相花纹●●●

《金陀寺碑文》中有"宝相"一词："飞阁逶迤，下临无地，夕露为蛛网，朝霞为丹腹，九衢之草千计，四照之花万品。崖谷共清，风泉相涣，金资宝相，永籍闲安，息心了义，终焉游集。"这里的"宝相"是对佛像的高贵气质的赞美。因此，一些专家认为，宝相花最初是由佛教文化中常用的莲花演变而来的。莲花象征圣洁、吉祥。后来，牡丹花发挥了重要作用。同时，宝相花还综合了莲花、牡丹、菊花等各种花卉的特点，充分发挥想象，将花卉组成圆形的团窠状图案，花与叶相互组合，花蕾怒放，花瓣层层叠叠，丰硕饱满，显得雍容华贵。后来也有人将这类团窠花卉图案称为宝花。宝相花成了一种真正的理想之花。

唐代时，在瓷器、金银器、建筑装饰上，宝相花均十分流行，而丝绸上的宝花纹则更绚丽多彩。从呈现的形式来看，主要有以下三种：

一是以四瓣的柿蒂花为基本形状组成的宝花，这类简单的瓣式宝花在唐代

图4-8 唐 宝花纹锦（美国大都会艺术博物馆藏）　　图4-9 唐 宝相花纹样复原图（黄能馥绘）

曾经比较流行，白居易任杭州刺史时所作的《杭州春望》一诗中有"红袖织绫夸柿蒂"，"柿蒂"就是指绫的花纹。

二是由许多含苞欲放的花朵、花蕾、盛开的花瓣和叶层层叠压，形成花中有花蕾、叶中有花的多重效果。此种组合显得非常雍容华贵，气势宏大，体现了盛唐风采（图4-8，图4-9）。

三是由侧向开放的花朵相连而形成的一种大窠宝花，其中花朵变得更加写实和清秀，中心部位的花盘显得较大，花芯、花蕾、花朵与叶的层次更趋分明。这类宝花最为著名的是现藏于日本正仓院的蓝地大窠宝花纹琵琶锦袋（图4-10）。

图4-10 唐 蓝地大窠宝花纹琵琶锦袋（日本正仓院藏）

二、自然景象

从唐代晚期开始，自然写实的风格开始在中国艺术中流行，纺织品上也开始出现大量反映自然景象的写实图案。这种图案风格到宋元时期达到极盛，一直延续到明清时期。

春水秋山

辽金时的北方民族，经常喜欢将其所在的特定环境和生活习俗反映在他们的服饰上，他们每年都有各种游猎活动，如契丹人的"打围"，女真人也有类似的活动，其中最重要的是初春在水边放鹘打鹅（雁）、入秋在山林中围猎，这些活动形成的图案出现在服饰、玉器等上面，称为"春水秋山"。

辽人和金人都擅长养鹰。这种鹰不大，但非常机灵凶猛，叫鹘，也叫海东青，被训练专门用于抓天鹅（雁）。金代皇帝有一套完整的程序用于每年春天狩猎的活动。首先，皇帝在上风口望天，若见天鹅来了，就命令放海东青。海东青体小，天鹅个大，因此必须巧取才能获胜。海东青一旦盯上哪只天鹅，就冲向天鹅上方，俯身将天鹅的脑袋抓住，并紧紧按住，一直按到地面，待它的主人将天鹅抓住为止。主人为了奖励海东青，就用刺鹅锥将天鹅的脑袋刺开，取出脑仁喂它。刺鹅锥成为猎杀天鹅时必备的工具，在一些辽墓中就发现有玉柄刺鹅锥。

《金史·舆服志》记载："其从春水之服则多鹘捕鹅，杂花卉之饰；其从秋山之服则以熊鹿山林为文。"有一件私人收藏的金元时期的绿地鹘捕雁纹妆金绢，其图案外形为滴珠形，中间有一只大雁展翅飞翔，大雁的上方，一只海东青正向下俯冲，它们的周围饰以各种花卉，应属于春水纹（图4-11）。内蒙古耶律羽之辽代墓中出土的一件飞鹰啄鹿也应是"春水"纹样，一只无比凶猛的飞鹘向下扑击，地上的鹿飞奔狂逃。黑龙江阿城金墓中也发现有一件祥云双雁纹织金绢，其图案为祥云中自由地飞着两只大雁，此时的景象比较柔和，尚未被猎人发现，也没有海东青的出击，应也可归入春水图案一类。

图4-11　金 绿地捕雁纹妆金绢（私人收藏）

辽人和金人到了秋天依然打猎。当时猎鹿的机会很多，所以主要的猎物是鹿。猎人们用角做鹿哨，呼鹿，把鹿骗过来，然后追杀之。可以从耶律羽之墓出土的一件刺绣山林双鹿罗看到，其外形为团花，背景为山林，山石花草间奔跑着两只鹿，应该就是秋山图（图4-12）。

图4-12　辽 罗地压金彩绣山林双鹿（中国丝绸博物馆藏）

满池娇

满池娇是元代刺绣中一个既常见又特别的题材，主题为池塘小景，原本是文宗皇帝的御衣图案。元代柯九思《宫词十五首》云："观莲太液泛兰桡，翡翠鸳鸯戏碧苔。说与小娃牢记取，御衫绣作满池娇。"柯氏自注云："天历间，御衣多为池塘小景，名曰'满池娇'。"元代《可闲老人集》载："鸳鸯鸂鶒满池娇，彩绣金茸日几条。早晚君王天寿节，要将着御大明朝。"可见，满池娇表现的是禽鸟在莲池中嬉戏的景象，尤其多见的天鹅、鸳鸯代表喜庆吉祥的寓意。元中期后，满池娇已不仅仅是御用的图案，一些蒙古贵族也在使用，而较典型的当属现收藏在内蒙古博物院、于集宁路故城窖藏发现的紫罗地刺绣夹衫。该件夹衫为紫罗地，上面共绣有九十九组图案，无一重复，其中多见鸳鸯戏水、仙鹤衔枝、蜂蝶恋花、天鹅莲池画面，最大的两组分布于两肩袖上，其一为一组莲花白鹭，盛开的莲花、舒卷的莲叶、慈姑香蒲和不知名的水草间，一只白鹭乘着祥云飞转而下，另一只玉立丛中回头相望，构成一幅恬静和谐的池塘小景（图4-13），这正印证

图4-13　元 棕色罗花鸟绣夹衫局部（内蒙古集宁路故城窖藏）

了朝鲜时代汉语教科书中描述的"满刺（池）娇"。"以莲花、荷叶、藕、鸳鸯、蜂、蝶之形，或用五色绒线，或用彩色画于段帛上，谓之满刺娇"。根据学者们的考证，此"刺"字应为"池"，是考订时的错误，其实"刺"与"池"音相近，皆可通，不过前者更指明工艺而已。

其实，"池塘小景"题材在装饰中的使用已久，"满池娇"一词的出现也在宋代，吴自牧《梦粱录》卷十三中就叙述了当时杭城的繁华，夜市售卖的物品中有"挑花荷花满池娇背心儿"。考古发现的一些辽宋丝织品中，也有此类纹样，福州南宋黄昇墓出土的一件牡丹花罗夹衣上的彩绘荷萍鱼石鹭鸳花边，现藏于中国丝绸博物馆的罗地刺绣莲塘天鹅（图4-14），即为很好的案例。南宋的此类题材与宋代皇家画院注重写生花鸟的风气有关，辽代的同类题材也应与春水图案一脉相传；而元中期以后，"池塘小景"的流行，应该与文宗皇帝对汉族文化的推崇息息相关，正是他将"满池娇"成为御用图案，使得这一题材在元代风靡。虽然文宗皇帝的刺绣满池娇御衣已不存在，但是在元代的丝绸、青花瓷上依然可见。

图4-14　元　罗地刺绣莲塘天鹅（中国丝绸博物馆藏）

四合如意云纹

云纹是一种自然物象图案化的结果，用于纺织品的年代久远，最初应受商周青铜器上云雷纹的影响和衍化，使得商周丝绸上的山形纹、云雷纹出现并逐渐成熟。秦汉时，借助于刺绣独特的表现力，将云纹婉转自如地呈现。云纹的造型随着时代的变迁而变化着。两汉时期，刺绣以外的织锦上也出现了很多种诸如穗状云、山状云、带状云、涡状云之类的不同造型的云气纹，并且与各种鸟兽、人物穿插组合在一起，形成云烟缭绕的仙境之感；魏晋时期，云纹日趋规整，并向几何形骨架转变。唐宋时，吸纳自然界植物灵芝和器物如意的元素，设计出灵芝云纹和如意云纹。至明代，四合如意云纹已成为最典型的丝绸纹样之一（图4-15）。

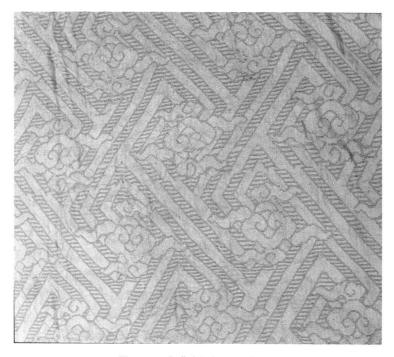

图4-15　明 曲水如意云纹罗裙局部（中国丝绸博物馆藏）

如意，又称握君、执友或谈柄，由古代人握在手上、用于记事的笏（亦称朝笏、手板）和搔杖（今叫作"痒痒挠"，一种抓痒工具）演变而来。其柄端形如手指，表示手所不能触及之处，用此物搔之可如意，故称如意，俗称"不求人"，后来成为一种代表吉祥意义的器物，是帝王和达官贵人的手中常持玩物。常见材质有金、银、玉、翡翠、珊瑚、珐琅、木、象牙等。如意从魏晋南北朝时期开始普遍使用，到明清时期成为祛邪祈福的珍宝，直至今日，还在使用"吉祥如意""万事如意"的祝词。由此可见，如意纹与云纹的结合、如意云纹的流行，有其必然性。

天分四方，年有四季。四合指的是一种向内、合心的排列，象征四方团聚，四方合一，因此，四合如意云纹应运而生，并且与其他各种吉祥纹样组合：与龙纹组合，因龙是神的化身，能升天驾云，又能入潭戏水，象征着帝王一统天下；与仙鹤纹组合，代表着长寿；与万字纹、曲水纹组合，寓为"永远万事如意"；与蝙蝠、寿字、万字组合，寓意"万福万寿如意"。

四合如意云纹在明代是非常典型、十分常见的吉祥图案，并沿用到清代（图4-16），代表了人们的审美和意识形态，表达了人们对美好生活的祝愿。

图4-16　清 四合如意云纹缎（中国丝绸博物馆藏）

三、吉祥如意

吉祥纹样即为人们从生活的方方面面选择素材、语言文字、各种自然和人工的器物，来表达吉祥寓意的图案。商周时出现，唐宋时非常流行，明清时几乎达到图必有意、意必吉祥的境界。

龙凤纹

龙纹是一种综合了各种动物形象特征的组合体（图4-17），比如马首、鹿角、鸟爪、蛇身、鱼鳞等，古代文献中有种种关于龙的构成的记载。汉代学者许慎在《说文解字》中称："龙，鳞虫之长，能幽能明，能短能长。春分而登天，秋分而潜渊。"在神话传说中，中华民族的最早祖先伏羲、女娲是人首蛇身的龙蛇。汉代文物

中表现的伏羲、女娲交尾图，就是
"龙的传人"。 龙也是一种吉祥的神
物，在神话传说中它掌管雨水，这
可能与远古时代洪水泛滥有关，寄
托了控制、驾驭自然的愿望。神话
中还传说，黄帝在荆山下铸造铜鼎，
铜鼎铸成时，一条长须的龙从天而
降，黄帝乃乘龙上天。从中可以表明，
在人们的心里，龙与君主是一体的，
是皇帝的象征。

凤凰也和龙一样与皇权有着密
切的关系（图4-18）。西汉时期的
《韩诗外传》中记载了这样一个神
话故事：

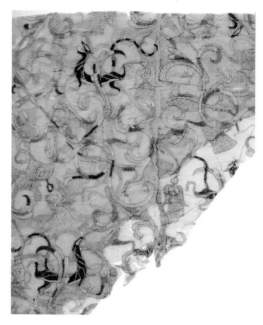

图4-17 战国 龙凤虎纹绣局部（湖北马山一号墓出
土）

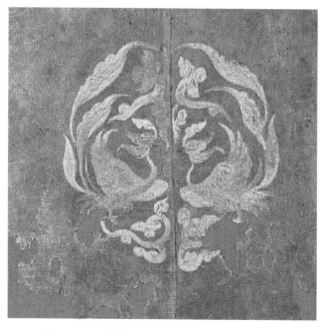

图4-18 辽 刺绣凤纹袍局部（美国克利夫兰艺术博物馆藏）

黄帝曾问天老，凤凰是怎样的？天老回答说：凤的形象，鸿前鳞后，蛇颈鱼尾，龙文龟身，燕颔鸡啄。首戴德、颈戴义、背负仁、心入信、翼采义、足履正、尾系武……你如果有凤身上所具备的这些伦理道德的话，凤凰就会来。于是，黄帝真诚地穿上礼服，在宫中许下心愿。终于有一天凤飞到了黄帝的面前，留住在黄帝的东园，在梧桐树上栖息，在竹林子里觅食。这样，凤凰就成了"帝德"和美的象征，而凤纹则常常用作帝后的图案。因此，龙和凤纹组合在一起，象征着夫妻婚姻美满。在商周时期的青铜器、丝绸服装上就出现了被公认的刺绣龙凤纹。在湖北江陵一号战国马山墓和湖南长沙马王堆一号汉墓出土的大量刺绣上，龙凤造型奇特、生动，或对龙对凤，或龙凤蟠绕。这些龙飞凤舞的纹样，极具浪漫之味（图4-19）。

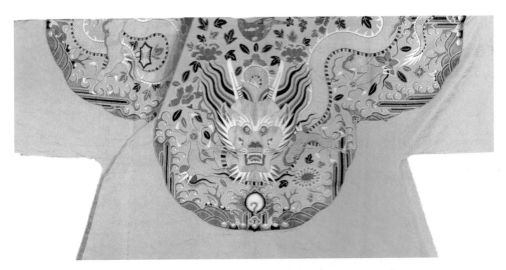

图4-19　明　洒线绣金龙花卉纹吉服袍料局部（北京故宫博物院藏）

　　逐渐地，龙凤成了统治者的化身，是最高权力的象征。此类纹样就不能为平民百姓所用。从元代开始，朝廷规定只有皇帝和皇室人员才能穿五爪龙，品位高的大臣可用四爪和三爪，因此，见到的元代实物大多为三爪龙。至清代，龙纹的使用规定更加严格，龙纹更趋于程式化，服装上龙纹的数量、龙袍在不同穿着场合的颜色、龙纹的形制均列入典章制度，比如只有皇帝可以穿明黄色十二章纹龙袍。

●●●●十二章纹●●●●

帝曰：予欲观古人之象，日月星辰山龙华虫作绘；宗彝藻火粉米黼黻絺绣，以五采彰施于五色作服汝明。

——《尚书·虞书》

十二章纹，也就是十二种纹样，即日、月、星辰、山、龙、华虫、宗彝、藻、火、粉米、黼、黻（图4-20）。当然，在不同的历史时期，对《尚书》中涉及十二章的文字的断句不同，对十二章纹的理解也有不同。现在所说的十二章纹，是遵从郑玄的解说。十二章纹样从汉代起便专用于皇帝冕服。迄于明代，在不同的历史时期，十二章纹也用于文武群臣的冕服。清代虽然废除了冕服，但朝服、吉服之上的十二章纹重现于雍正时期，直至清亡。民国时期，十二章纹一度作为中华民国国徽上的纹样使用，并用于民国三年所定的祭祀冠服中。可以说，十二章纹是丝绸服饰上运用得历史最为悠久的纹样。

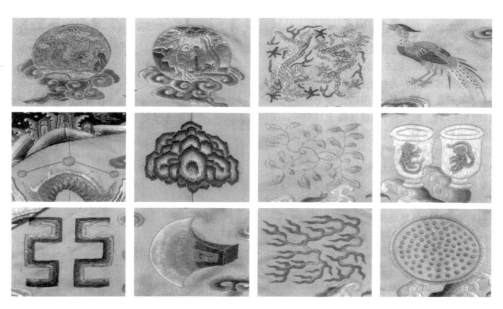

图4-20　清　彩绣十二章纹吉服袍局部（私人收藏）

十二章纹之所以为历朝历代的帝王所重视，有其原因，主要就是因为十二章纹蕴含了丰富的寓意，代表了高尚的德行。按照宋代人的说法，"龙能变化，取其神，山取其人所仰也，火取其明也，宗彝古宗庙彝尊，名以虎、蜼，画于宗彝，因号虎蜼为宗彝，虎取其严猛，蜼取其智，遇雨以尾塞鼻，是其智也"，"藻，水草也，取其文，如华虫之义，粉米取其洁，又取其养人也……黼诸文亦作斧，案绘人职据其色而言，白与黑谓之黼，若据绣于物上，即为金斧之文，近刃白，近銎黑，则曰斧，取金斧断割之义也。青与黑为黻，形则两已相背，取臣民背恶向善，亦取君臣离合之义"。这些说法不无古人附会的意味，不过也反映了古人对十二章纹的一些看法。

●●●应景补子●●●

> 正月初一日正旦节。自年前腊月廿四日祭灶之后，宫眷内臣，即穿葫芦景补子及蟒衣。……十五日曰"上元"，亦曰"元宵"，内臣宫眷皆穿灯景补子蟒衣。……五月初一日起，至十三日止，宫眷内臣穿五毒艾虎补子蟒衣。门两旁安菖蒲、艾盆。……七月初七日"七夕节"，宫眷穿鹊桥补子。……九月，御前进安菊花。自初一日起，吃花糕。宫眷内臣自初四日换穿罗重阳景菊花补子蟒衣。……十月初一日颁历。初四日，宫眷内臣换穿纻丝。……十一月，是月也，百官传带暖耳。冬至节，宫眷内臣皆穿阳生补子蟒衣。室中多画绵羊引子画贴。
>
> ——《酌中志》卷二十

补子是明清两代用以区分品官等级的标志之一，起源于蒙元时期的胸背。蒙元时期虽然还没有形成一定的等级，但已采用众多的飞禽走兽作为衣服的装饰。到了明代，补子作为区分品官的等级正式被纳入制度，而且文官只用飞禽，武官只用走兽。明代的这一制度，最后被清代所沿袭。在明代中后期，随着社会经济的发展，补子制度产生新的演变，这就是应景补子的出现。正如《酌中志》所记载的，所谓的应景补子就是在各个年节时候为应景而使用的一类补子。它的主要特点就是和各个年节有着密切的关联性，如正旦节前后用葫芦景补子、元宵节时用灯景补子、端午前后用五毒艾虎补子、七夕用鹊桥补子、重阳节前后用重阳景菊花补子、冬至节用阳生补子等。

明代的应景补子在文献中颇有记载，而它的存世或者出土实物也有不少。存世实物多见于各个博物馆的收藏和私人的收藏，如北京故宫博物院藏有不少，香港的贺祈思也藏有不少（图4-21）。出土实物主要见于明代万历帝定陵，地宫中出土了数以百计的衣物，上面多装饰有应景补子。

图4-21　明 中秋节令妆花玉兔喜鹊纹方补（贺祈思藏）

●●●●**百子图**●●●●

百子的典故最早源于《诗·大雅·思齐》，歌颂的是周文王子孙众多。传说周文王生有九十九个儿子，最后还在路边捡了个儿子，正好一百个，因此有"文王百子"一说。"家有百子""儿孙满堂"被中国古人认为是家族兴旺、吉利祥瑞之事，多子多孙、延绵万代也被视作有福的表现。所以，古代有许多"百子图"流传至今。"百子图"的名称早在宋代辛弃疾的《鹧鸪天·祝良显家牡丹一本百朵》中可见："恰如翠幕高堂上，来看红衫百子图。"

纺织品上的百子图主要出现在门帘、被面、桌围等上面，多用于婚嫁、生子的陈设（图4-22，图4-23）。百子图画面十分生动、活泼，通常有几十个到一百个小孩一起嬉戏的场面，有招蜻蜓、斗蟋蟀、沐浴、持莲花、点鞭炮、打斗等，洋溢着喜气吉庆的气氛；各种玩耍均代表着吉祥的寓意，如放爆竹寓意"竹报平安"，捧桃子代表"多子多寿"，抓鱼表示"年年有余"，等等。

图4-22　清 红缎绣百子图垫料
（北京故宫博物院藏）

图4-23　清 红缎绣百子图垫料
（北京故宫博物院藏）

四、怀古复新

民国时期的人们既传统又时尚，舶来品的流行，民族传统产品的提倡，也表现在当时的纺织图案上。传统的几何纹样与浪漫时尚的欧洲图案在此碰撞并存。

●●●条格纹●●●

条格图案是中国传统的丝织物纹样，包括条纹图案和格纹图案两个大类，中国历代以来都有生产。目前史料中发现最早的彩条织物是汉代《释名》中所记载的"其彩色相间，皆横终幅"的长命绮，实物中较早的则是吐鲁番出土的公元四世纪的彩条织物。这种彩条图案在魏唐时期十分流行，被称为"繝"。到了宋代，又出现了一种"间道"织物，所谓"间"是指颜色相间，"道"则指条纹。与"繝"的色彩浓淡逐渐过渡的晕色效果不同，"间道"是直接由几种不同色彩的经线相间排列而形成的彩条图案。格子图案则被称为"綦纹"或"棋盘纹"。格纹织物在文献记载中最早的是《释名》所载的"棋文绮"，实物在甘肃花海出土的魏晋时期丝织物中就有发现。

唐宋以后，条格图案在丝织物中仍有使用，而在注重图案吉祥寓意的传统丝绸图案设计中，条格图案在古代丝织物中并不普遍。这种情况在民国时期出现了大转变，条格图案一举成为仅次于花卉图案的最重要和最基本的丝织物图案。

当时常见的条格图案虽然多为线条的集积，但通过利用线条的粗细、间隔的变化、色彩的跳动与过渡、与其他图案的组合等手法，形式十分多变。大体上可以分为三个类型：第一类以直条和横条图案为代表，主要是依靠不同色经的排列或不同色纬的织入来获得，比较规整，因此织造方法简便而价格相对低廉，较为常见；第二类采用"锦上添花"的方式，在设计中加入花卉、动物等其他图案元素，层次感较为丰富（图4-24）；第三类则较为写意，有的在保持条格基本形式的基础上进行变形，有的通过色彩或点子渐变产生出光影效果。

图4-24　民国　锦上添花式的条格图案（清华大学美术学院藏）

图4-25 民国时期使用的条格图案

图4-26 民国 彩色条格图案
（清华大学美术学院藏）

条格图案在民国时期的丝织物中流行，主要是受到了西方设计思想的影响。虽然在西方传统中条纹被看作是"表现社会犯罪、魔鬼等罪犯、妓女的记号"，但是到了二十世纪初，随着崇尚几何造型的立体主义、抽象主义和构成主义的流行，传统思想的偏见被突破，使得条格图案所占的比例呈直线上升，随着大量舶来条格面料倾销入境，促进了这种图案在中国的使用（图4-25，图4-26）。另一个原因是民国初年的服饰制度改革，以及西式服装款式的引进和流行，条格图案的织物更能表现服装的款式和服用者的理想形象。特别是在女装中，与繁复的花卉图案相比，条格图案在简洁沉稳中略带变化，有助于突出女性服用者文静与娴雅的气质，因而备受青睐。

因此，可以说，条格图案在民国时期的丝织物中的突然流行，是在西方染织设计思想、近代中国服饰制度改革、西式服装在中国的流行、丝织技术发展等各方面因素综合作用下的结果。

玫瑰纹

玫瑰原产于亚洲地区，分单瓣和重瓣两种，有白、红、紫等几种颜色，中国很早就有种植，唐代诗人徐寅曾写诗赞美道："芳菲移自越王台，最似蔷薇好并栽。秾艳尽怜胜彩绘，嘉名谁赠作玫瑰。"然而，由于玫瑰花的"嫩条丛刺，不甚雅观，花色亦微俗，宜充食品，不宜簪带"，不符合传统中国文人的审美趣味，因此在古代花卉中的地位远低于牡丹、梅、兰、菊等，只能用作普通的观赏花卉、食材和用材，极少被用于丝绸图案等装饰用途。

与之相反，在西方文化中，玫瑰象征爱情，它的花、刺和花期短分别代表爱情的甜蜜、痛苦和短暂性，涵盖了爱情的各种滋味，也体现出爱情的本质，深受西方人的欢迎，被誉为"地球在我们现在的气候条件下产生的至美之物"。因此，不仅在欧洲的建筑中常能看到它的身影，它也是欧洲纺织品图案中常用的母题，无论是洛可可风格、帝政样式、新艺术风格，还是装饰艺术风格的丝织物中，都可以看到玫瑰图案的使用。

随着外国传教士大量进入中国，清代乾隆时期，玫瑰图案已经在一些宫廷织物上开始出现，它的造型和构图与同时期欧洲的洛可可风格都极为相似，是典型的西方设计，但从这些面料使用的金银线材料、组织结构等来看，它们无疑是西方的进口产品，而不是由中国本地机坊生产的，数量不多，影响也很有限（图4-27）。

清代晚期，随着上海等地被划为通商口岸、设立租界，西方人在徐家汇花园等租界花园内遍植中外花木，并定期开设赛花会，"花蕊倍大于中国"的西

图4-27　清　金宝地织物中的玫瑰图案（北京故宫博物院藏）

方玫瑰也随之进入中国，开始受到国人的喜爱。民国时期，由于新青年对自由恋爱和婚姻的追求，在西方文化中象征美好爱情的玫瑰成为新爱情观的标志而广受推崇，地位陡然上升，在小说、电影、歌曲、瓷器等艺术形式中都出现了大量以玫瑰为主题的作品，同时玫瑰题材也被引入到国内丝织物图案的设计中，成为当时最为盛行的花卉图案之一。

当时丝织物中玫瑰图案的表现十分多样，主要有两种不同的造型，分别展示了玫瑰花生长过程中的两个不同阶段。第一种是花蕾造型，通常以含苞待放的花骨朵的形式出现，其花型较小，常采用侧面的造型（图4-28）。第二种造型中的玫瑰已发育成熟，其花瓣完全绽放，花型较大，有正视和侧视两种（图4-29）。从表现手法上看，则有写实、抽象和变形等几种。玫瑰纹在民国初期多以绣花工艺出现，中期以后则以织花、印花居多。

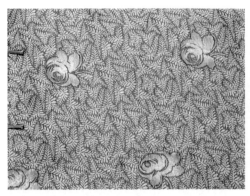

图4-28 民国 丝织物中的玫瑰图案
（中国丝绸博物馆藏）

图4-29 民国 正视造型的玫瑰图案
（台湾创价协会藏）

第五章
文明贡献——丝绸之路

　　丝绸之路是指从黄河流域、长江流域经过印度、中亚、西亚连接欧亚大陆的贸易通道，在公元前二世纪由汉武帝派遣的张骞出使西域时首先凿空，大量的中国丝绸从这一交通要道传向欧洲，故被誉为"丝绸之路"。同时，西方的文化、物品也源源不断由此道进入中国，使得中西方政治、文化和经济达到空前的融合，成为联结欧亚大陆文明的纽带，对人类文明的发展做出了卓越的贡献。

　　丝绸之路主要由草原丝绸之路、沙漠丝绸之路和海上丝绸之路组成，在各个历史时期扮演了重要的角色，起到了无法估量的作用。

张骞凿空

战国秦汉时期，北方的匈奴强盛，直接威胁中原王朝的安危。汉初汉高祖北击匈奴，被围白登山，差点被匈奴擒获。遭遇白登之围后，汉朝对匈奴实行和亲政策，将宗室女嫁到匈奴以求边疆稳定。经过文帝、景帝两代的励精图治，社会经济实力增强，国力提升，到了汉武帝时期，汉朝的综合实力有很大增强，已不满足于和亲的局面。为了一雪汉初高祖被围、历代和亲以求平安无事的局面，汉武帝决定北击匈奴。早先，大月氏曾强盛一时，匈奴也曾附属于大月氏，匈奴崛起之后，大月氏被驱逐西窜。汉武帝了解这一情况后，于建元三年（前138）派遣张骞出使西域，联合大月氏夹击匈奴。西汉时期，狭义的西域是指玉门关、阳关（今甘肃敦煌西）以西，葱岭（帕米尔高原）以东，昆仑山以北，巴尔喀什湖以南，即汉代西域都护府的辖地。广义的西域则包括葱岭以西的中亚细亚、罗马帝国等地，包括今阿富汗、伊朗、乌兹别克至地中海沿岸一带。

张骞率领一百多人的使者团向西出发，中途被匈奴扣留。十几年以后，张骞才有机会逃出，在经历重重困难之后，路经大宛、康居，终于到达大月氏。可惜大月氏人对当时的生活很满意，无心再为报仇而开战。因此，张骞出使的主要任务并没有完成。元朔三年（前126），张骞返回长安。到元狩四年（前119），为牵制匈奴，张骞第二次被派出使西域，希望与乌孙建立联盟，其间并派出副使到达大宛、康居、大月氏、安息、身毒等地（图5-1）。元鼎二年（前115），各国派出使者与张骞一同回到长安，标志着中国与西域各国的政治关系正式建立起来。

张骞出使西域，本意是为了建立反对匈奴的战略联盟，实际上却建立了中国政府与西域各国正式的官方外交，促进了文化交流。中国从此开始了解到西域各国的情况。中国通往西方的道路虽然早就存在，但自从张骞出使以后才有了正式的文献记录。张骞两次出使西域，是汉人第一次亲身到达中亚各国，打通了汉朝直接通往中亚的道路。历史上认为张骞开通了西行的道路，是一件前所未有的大事，所以史书记载的时候用了"凿空"这一概念。后来，这条经由中亚直通西方的交通道路被称为"丝绸之路"。

图5-1　张骞出使西域（敦煌323窟壁画）

丝绸之路

丝绸之路是指起始于中国，连接亚洲、非洲和欧洲的古代商业贸易的路线，同时它也是古代中国连接东西各国进行政治、经济、文化交流的通道。概括地讲，是自古以来，从中国开始，经中亚、西亚，进而联结欧洲及北非的这条东西方交通线路的总称，在世界史上有重大的意义。这是亚欧大陆的交通动脉，也是中国、印度、希腊三种主要文化交汇的桥梁。在这条道路上往来最多的商贸物品，最为知名的就是中国出产的丝绸，因此，当德国地理学家李希霍芬（Ferdinand Freiherr von Richthofen）在1877年将这条道路命名为"丝绸之路"后，随即被世人广泛接受。

李希霍芬提出的"丝绸之路"，当时所指的是"从公元前114年到公元127年，中国于河间地区以及中国与印度之间，以丝绸贸易为媒介的这条西域交通路线"，其中所谓的西域则泛指古玉门关和古阳关以西至地中海沿岸的广大地区。在李希霍芬之后，学界对"丝绸之路"的内涵和外延做了补充和拓展。在后来的研究中，丝绸之路被分成陆上丝绸之路和海上丝绸之路（图5-2）。陆上丝绸之路跨越陇山山脉，穿过河西走廊，通过玉门关和阳关，抵达新疆，沿绿洲和帕米尔高原，通过中亚、西亚和北非，最终抵达非洲和欧洲；海上丝绸之路则以中

图5-2 丝绸之路图，绿色为草原丝绸之路，红色为沙漠丝绸之路，蓝色为海上丝绸之路（黄时鉴绘）

国东南沿海为起点，经东南亚、南亚、非洲，最后到达欧洲。随着研究的深入，丝绸之路的研究也被细化，陆上丝绸之路又被分为草原丝绸之路、沙漠丝绸之路、西南丝绸之路等，而在不同的历史时期，各条道路时有盛衰。

"丝绸之路"是一个形象而且贴切的名称。在古代世界，中国是最早开始栽桑养蚕并生产丝织品的国家。二十世纪各地的考古发掘表明，商周以来，中国的蚕桑丝织技艺已经发展到相当高的水平。蚕桑丝织技艺是中华文明的重要代表，蚕桑丝绸也是中国对外交往输出的主要物品，和瓷器、茶叶等一起具有重要的意义和深远的影响。因此，长久以来有不少研究者想给这条道路起另外一个名字，如"玉石之路""玻璃之路""佛教之路""陶瓷之路"等，但终究只能反映丝绸之路的某个局部，无以取代"丝绸之路"这个名称。

●●●●●马可·波罗游记●●●●●

马可·波罗（Marco Polo），世界著名的旅行家和商人，出生于意大利威尼斯商人家庭，其父亲尼科洛和叔叔马泰奥都是威尼斯商人。马可·波罗小的时候，他父亲和叔叔到东方经商，抵达元大都觐见了忽必烈汗，并带回了忽必烈给罗马教皇的信。马可·波罗十七岁时，他父亲和叔叔带着教皇的复信和礼品，携马可·波罗向东方进发。历时三年多的时间，一行人终于到达大都，觐见了忽必烈汗（图5-3）。此后，马可·波罗在中国游历了十七年，访问过元朝的众多城市，到过中国西南和东南地区，并出任官职。后来，马可·波罗回到威尼

图5-3 《马可·波罗游记》插图 马可·波罗觐见忽必烈汗

斯，在威尼斯和热那亚之间的一次海战中被俘，在监狱里口述旅行经历，由鲁斯蒂谦写出《马可·波罗游记》。《马可·波罗游记》记述了马可·波罗在东方当时最富有的国度——中国的种种见闻。根据鲍志成的考证，马可·波罗也讲到了天堂之城——杭州，说杭城有许多行业，各业各有坊场，匠人多少不一，有丝绸纺织业、粮食加工、金银饰品、瓷器等，各行各业，兴旺发达，其中提到杭州私营纺织业出现了雇工生产，杭州女子娇美，都穿着漂亮的丝绸服装。这些描述在欧洲广为流传，激起了欧洲人对东方的热烈向往，对新航路的开辟产生了巨大的影响，而且对促进中国丝绸的外销起到了很大的作用。

蒙元时期，蒙古人统治的疆域空前广大。从朝鲜半岛到欧洲西部，从印度北部到西伯利亚，无不间接或直接地在蒙古人的统治之下。疆域的空前宽广，也带动了东西方之间空前的交流，东西方之间第一次可以畅通无阻进行直接往来。马可·波罗的来华就是在这一背景之下发生的。《马可·波罗游记》是欧洲人较早撰写的描写中国政治、经济、历史、文化和艺术的游记，问世之后被转译成多种文字，为欧洲人展示了新的知识领域和视野。此书的意义，在于它促

成了欧洲的人文复兴。《马可·波罗游记》记述了其在中国多年的游历，此后也成为学者们研究蒙元历史的重要材料，后世学人并对《马可·波罗游记》加以注释，如伯希和等人。同时，虽然《马可·波罗游记》问世已数百年，但对马可·波罗有没有真正到过中国的质疑也从未中断。有些学者认为马可·波罗从未到过中国，《马可·波罗游记》不过是道听途说的汇集。不过书中确实反映了蒙元时期的一些史实，如元朝的远征日本、王著叛乱、襄阳回回炮、波斯使臣护送阔阔真公主等。马可·波罗对元朝当时的首都大都（汗八里）、曾作为南宋首都的临安（时称"行在"）、作为东南沿海重要港口的泉州（刺桐），也都有合乎史实的描述。当然，无论马可·波罗有无到过中国，《马可·波罗游记》确实增进了欧洲人对中国的认知，掀起了欧洲持续数百年的中国热、中国风。

传丝公主的故事

　　王城东南五六里有麻射僧伽蓝，此国先王妃所立也。昔者此国未知桑蚕，闻东国有也，命使以求。时东国君秘而不赐，严敕关防无令桑蚕种出也。瞿萨旦那王乃卑辞下礼，求婚东国。国君有怀远之志，遂允其请。瞿萨旦那王命使迎妇，而诫曰："尔致辞东国君女：我国素无丝绵桑蚕之种，可以持来自为裳服。"女闻其言，密求其种，以桑蚕之子置帽絮中。既至关防，主者遍索，唯王女帽不敢以验。遂入瞿萨旦那国，止麻射伽蓝故地，方备仪礼奉迎入宫，以桑蚕种留于此地。阳春告始，乃植其桑，蚕月既临，复事采养。初至也尚以杂叶饲之，自时厥后桑树连阴。王妃乃刻石为制，不令伤杀，蚕蛾飞尽乃得治茧，敢有犯违明神不祐。遂为先蚕建此伽蓝。数株枯桑，云是本种之树也。故今此国有蚕不杀，窃有取丝者，来年辄不宜蚕。

——《大唐西域记》卷十二

　　这个故事讲的是瞿萨旦那国（即于阗）早先并不知道栽桑养蚕，自然也无从织造丝绸，知道东边的国家有蚕桑丝绸，国王就派出使者去寻找。可是当时东边的国家不愿公开其栽桑养蚕织绸的秘密，命令边关严格地禁止蚕桑的种子外流。瞿萨旦那国国王不得已，只好低调地向东国求婚。东国国王正好有怀柔远人的志向，就答应了瞿萨旦那国国王的请婚要求。到了东国公主要下嫁的时候，瞿萨旦那国国王派人去迎接东国公主，并叫使者告诉公主：瞿萨旦那并无蚕桑，也没有华美的丝绸可供其穿着，公主可将蚕桑的种子带过来，那时就有华美的衣服穿了。公主听到这话，于是秘密地求得蚕桑的种子，并把它们放到帽子的丝絮当中。到了边关之后，守边的人进行了例行检查，只有公主的帽子不敢检查。于是蚕桑的种子传到了瞿萨旦那国。刚开始时桑叶不够多，养蚕就用别的叶子喂养，后来桑树繁衍得很多，栽桑养蚕织丝业就很兴旺了。只是瞿萨旦那国有一习俗，治丝的时候一定要等蚕蛹化蛾飞出乃敢缲丝。

玄奘西行求法，西域多有经历，他首先对这个传说进行了记载。而后被欧阳修等人在编撰《新唐书·西域传》时收录。其中记载到：

自汉武帝以来，中国诏书符节，其王传以相授。人喜歌舞，工纺勣。西有沙碛，鼠大如蝟，色类金，出入群鼠为从。初无桑蚕，丐邻国，不肯出，其王即求婚，许之。将迎，乃告曰："国无帛，可持蚕自为衣。"女闻，置蚕帽絮中，关守不敢验，自是始有蚕。女刻石约无杀蚕，蛾飞尽得治茧。

只是在这里，欧阳修等人将玄奘所说的东国改成了邻国。长久以来，关于蚕种西传的传说并没有得到实物的证据。二十世纪早期，英国探险家斯坦因在新疆丹丹乌里克探险，发现了许多画板，据考证，其中一块画的就是蚕种西传的故事（图5-4）。

图5-4　约公元六世纪 传丝公主画板（新疆和田丹丹乌里克遗址出土）

第六章
兴衰往事——生产机构

十九世纪前，中国的纺织业基本以官营织造和民间家庭小作坊生产为主要形式。官营织造机构主要负责御用和官用各类纺织品的定制生产；民间的生产主要用于交纳赋税，以及满足自身的生活需求。这两种形式的生产主要采用木织机进行手工织造。

十九世纪中叶以后，受到西方工业革命浪潮的影响和中国洋务运动的推动，中国纺织业出现了翻天覆地的变化，民族资本主义开始萌芽，并迅速发展，出现了一批由民族资本创办的纺织生产大型企业。他们纷纷引进西方先进的纺织技术、生产设备和经营管理模式，采用机械化大生产，从生产原料到图案品种，均有非常大的变化和更新，纺织行业成为中国近代史上的主要行业，并占有非常重要的地位。

但是，由于第二次世界大战的爆发和抗日战争带来的影响，中国纺织业也受到了重创。纺织生产机构的振兴与衰败，为我们留下了一些振奋和心酸的往事。

⬤⬤⬤ 江南三织造 ⬤⬤⬤

　　江南三织造是指清代在江宁（今南京）、苏州和杭州三处设立的专门织造宫廷御用和官用的各类纺织品的织造局。明朝时曾在全国各地设立织染局，虽然集中在江南地区，但山西等其他地方也设有织染局。到了清朝顺治年间，恢复江宁织造局，并重建杭州局和苏州局，确立"买丝招匠"的经营体制，于是成为有清一代江南三织造的定制。除京内织染局以外，清政府只在江宁、杭州、苏州三地设有织造机构，御用和官用的各类纺织品都仰仗于此（图6-1，图6-2）。因为江南地区原属南明势力范围，江南三织造的设立，在清初还有刺探江南地区情报、监督江南地方官员等作用，不仅仅作为纺织品的生产机构而存在。

图6-1　《乾隆南巡图》中的苏州织造府（加拿大阿尔伯特大学藏）

图6-2　苏州织造署旧址

　　江南三织造的工匠主要是官府招募的各色局匠。此外，织局采用承值应差和领机给帖等方式，占用民间丝经整染织业各行手工业工匠的劳动，作为使用雇募工匠的补充形式。江南三织造的经费来源主要为工部和户部拨款，其管理有严格的要求（图6-3）。江南三织造所织造的御用和官用纺织品，其纹样多出自宫中，内务府的如意馆即负责纺织品纹样样稿的描绘。北京故宫博物院现存有不少清代的衣服小样实物（图6-4）。

图6-3　清 江南三织造款的匹料

正面　　　　　　　　　　　　背面

图6-4　清 江南三织造服饰小样，皇帝冬朝袍（北京故宫博物院藏）

　　管理织造局政务的长官基本为内务府官员，他们一般也通称织造。如四大名著之一《红楼梦》的作者曹雪芹，他的家族成员即长期任职于江宁织造（图6-5），所以曹雪芹在《红楼梦》中描写各类人物的穿着如此丰富生动。江南三织造的生产规模在乾隆年间曾盛极一时，后来则随国势的衰微渐呈衰退之势。在清末，江宁织造遭到裁撤，随着清朝的灭亡，苏、杭两地的织局也告终结。

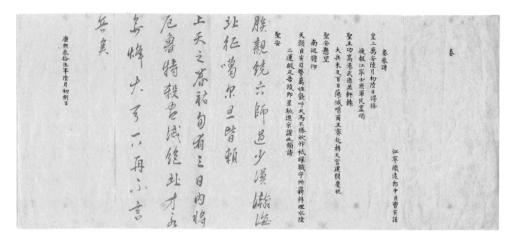

图6-5 清 江宁织造曹寅请安折（台北故宫博物院藏）

万源绸缎局的兴衰史

民国时期，杭州现在的中山中路一带绸庄林立（图6-6），万源绸缎局是其中最大的门市绸庄之一，他的创办人是宁波人陈丽生（1863—1947，图6-7）。陈丽生的父亲陈子范是一名奉帮裁缝，乡里人叫他阿牛师傅，陈丽生从小就跟父亲学习裁缝手艺。光绪年间，陈丽生全家由宁波搬到杭州谋生，先在

图6-6 民国时期杭州林立的绸庄

高乔巷（今民生路）那里开了个裁缝铺，后来又搬到羊坝头猫儿桥（又名平津桥），摆了个卖零绸的地摊。

因为陈丽生的裁缝手艺好，做生意又注重信誉，零绸摊的生意渐渐做大，积累了一笔可观的资金。光绪七年（1881），在衙门当师爷的兄长陈金柏的资助下，她在保佑坊凤凰寺对面从凤凰寺租赁了一处三开间的店面，创办

图6-7 陈丽生

图6-8　万源绸缎局

了万源绸缎局。陈丽生克己就业，所备的绸货款式新、质量好、数量充足，因而生意兴隆，特别是每年春季香客来杭州进香的时候，人山人海，正是万源最为忙碌之际。正当生意蒸蒸日上之时，由于疏于管理，不慎惨遭大火，损失惨重，陈丽生一生心血化为灰烬。遭到此番打击的陈丽生痛不欲生，欲跳火自焚，经亲人全力劝阻才免生第二次大灾难。事后，陈丽生的岳父、兄长出面料理火灾以后的事宜，将人欠、欠人之债务一一清理，并再次资助陈丽生重整旗鼓，东山再起。经过几年的努力，万源绸缎局重新脱颖而出。于是陈丽生决定在旧址处购地造屋，新绸庄以上海老九章绸缎局的建筑样式为参照，是一座罗马式的四层大楼，由姚春记营造厂承包，造价六万银元左右（图6-8）。

陈丽生做生意很有办法（图6-9），他曾在教仁路建起一座接待中上层人士的高规格旅馆，规定凡是旅馆的职员介绍客人去万源购买绸缎，都可以给予旅客消费额5%的佣金，因而大家都十分乐意当万源的推销商。后来，不仅陈丽生旅馆的员工，其他旅馆的员工在得知此项措施后，也加入推销行列，甚至黄包车车夫为了拿佣金而将客人拉到万源

图6-9　万源绸缎局广告

绸缎局的门前。和当时其他的绸庄一样，万源除了从市场采购绸货外也委托机户加工织造，出售的绸货门类丰富，不仅有锦缎、纱罗、顾绣等传统品种，还有塔夫这样的舶来新品种，吸引了不少团体买家成为忠实大主顾，杭州笕桥航空学校就是其中之一。航校每年都会邀请学生家长和亲属参加毕业典礼，同时也会向学生赠送礼品，其中主要的一样就是丝绸，每年的采购量都在二三百匹，而在当时的杭州也只有万源一家能够一接单就立即提供如此数量众多的绸缎。

　　然而时势弄人，日本全面侵华战争爆发后，万源绸缎局在仓皇间后撤，辗转长沙等地，最后落脚于上海的租界，损失巨大。民国三十二年（1943）左右，陈丽生和家人从上海回到杭州，着手恢复万源绸缎局，但由于市场消费能力急剧萎缩，原来专卖绸缎的万源只能以出售阴丹士林布等大众化商品维持。等到抗战胜利后，陈丽生已八十余岁高龄，难免力不从心，而长子陈擎一因早年服食中药过量，智力受损，次子陈啸骏则醉心于集邮、集唱片，因此后继无人。陈丽生于民国三十六年（1947）去世后，失去了掌舵人的万源不再主动进货，第二年库存清理完毕后，陈家在华丽宏大的万源店堂里开了一家"万象寄售商行"，以买卖旧货，曾兴盛一时的万源绸缎局随之完全退出历史舞台，而它的历程也正是民国时期多数绸庄发展的缩影。

状元张謇与大生纱厂

　　张謇字季直，号啬庵，是中国近代史上有名的"状元实业家"，被誉为"崛起于新旧两界线之中心的过渡时代之英雄""近代中国制度化发展进程中的关键人物"（图6-10）。咸丰三年（1853），张謇出生在苏北的小城海门，经过多年的寒窗苦读和幕僚生涯，终于在光绪二十年（1894）四十二岁时高中状元。而也正是在这一年，中日之间爆发了震惊朝野的甲午战争，战争以北洋舰队全军覆没而告终，甲午海战的惨败极大地暴露了中国薄弱的工业基础。为扭转这种局面，张謇

图6-10　张謇

在替两江总督张之洞起草的《条陈立国自强疏》中提出"富国强民之本实在于工"，受到洋务派领袖张之洞的赏识，被委派回到家乡设立商务局，开始了他实业救国的道路。

海门所属的通州地区（今江苏南通市）历来有种植棉花的传统，所谓"一望皆种棉花，并无杂树"，出产的棉"力韧丝长，冠绝亚洲"。而当时中国的市场却被洋纱、洋布所充斥，因此张謇决心"设厂自救"，并取《易经》中"天地之大德曰生"之意，为新厂取名为"大生纱厂"。

建厂首先要解决资金问题，经过张謇的努力，通过两江总督刘坤一将张之洞筹办湖北织布局时荒弃不用的官机2万余锭，折合成25万两银元作为官股，剩余的资金由张謇出面在民间集资（图6-11）。最初决定以100两为一股，共6000股，计划筹银60万两，入股的股东有来自通州的"通董"沈敬夫、陈维镛和刘桂馨，以及来自上海的"沪董"郭茂芝、潘鹤琴和樊时勋共六位。此后通沪六董联名在报上刊登《通海大生纱丝厂集股章程》，在上海、南通、海门三处

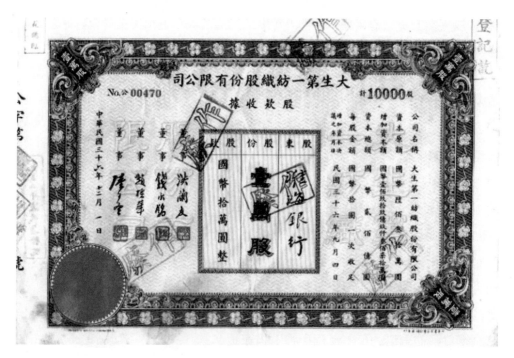

图6-11 大生纱厂股票

认购，公开向社会集股，但响应者不多。经过两年多的奔波，光绪二十四年（1898），张謇将先凑集到的资金在通州城西的唐家闸陶朱坝动工建厂，次年大生纱厂正式建成投产。幸而此时正值第一次世界大战前后，西方国家忙于战争，无暇顾及中国市场，洋纱进口大量减少，使得大生纱厂开机第一年就产生了盈利，不仅生产得以维持下去，并且由于利润丰厚，吸引了大量的投资，从而进入了它的飞速发展阶段（图6-12）。

经过数年的经营，大生纱厂逐渐壮大，光绪三十三年（1907）在崇明创办了大生二厂。民国三年（1914），张謇出任农工商总长后，又在海门、东台、如皋等地相继建立了大生系的

图6-12 大生纱厂附告

三至七厂。此外，张謇又开始扩展大生纱厂的相关产业，如利用轧花下来的棉籽创办广生油厂，利用广生的下脚油脂创办大隆皂厂、生产包装纸的大昌纸厂，提供棉花原料的通海垦牧公司，提供浆纱织布所需面粉的大兴厂等，形成了一个庞大而又完整的大生集团产业链。民国九年（1920），大生集团利润达到千万两，约为第一年获利的1000倍，达到了巅峰。

但好景不长，快速地扩张使企业流动资金严重缺乏，大生系中的一些企业并没有带来太多利润，有的甚至长期亏损。在达到巅峰的第二年，大生一厂、二厂相继出现严重亏损，总计超过70万两。民国十一年（1922）直奉战争爆发，大生纱厂失去了至为重要的东北市场，资金周转十分困难，开始由盛至衰。张謇被迫以大生纱厂的地产、房屋、机器等财产为抵押向钱庄和银行借款。在此危急之时，股东们又争相追款，使得大生厂更加雪上加霜。张謇转而向涩泽荣

一等海外资本家寻求资金援助，然而依然没有成功。民国十三年（1924），大生一厂被由债权人张得记、顺康等九家钱庄组织的维持会接办；第二年，大生集团终于资不抵债，宣告停产，由中国、交通、金城、上海四行和永丰、永聚钱庄组成的债权人团接管。被接管后的大生纱厂在美国金融危机和日本纱厂的双重打击下，并未起死回生。而一手缔造大生这个棉纱业王国的张謇，也在大生集团破产后的第二年（1926）离开了人世。

永泰丝厂与丝都无锡

无锡是太湖流域主要的蚕茧产地，养蚕的风气非常之盛（图6-13），特别是鸦片战争后，上海成为通商口岸，自此欧美商人纷纷来到上海进行贸易。由于上海紧邻太湖地区，欧美丝茧商人便前往无锡等太湖地区收购丝茧，西洋传来的机器缫丝工业也随之传入，极大地刺激和促进了当地养蚕缫丝业的发展。

图6-13　无锡乡间养蚕的情形

无锡的第一家机器缫丝厂是由当地人周舜卿开办的，但真正形成规模并使无锡取得"丝都"地位的却是由薛南溟开办的永泰丝厂。薛氏家族是无锡当地的名门望族，薛南溟的父亲薛福成曾长期在曾国藩、李鸿章幕府任职，是曾门四大弟子之一，并先后出任直隶宣化府知府、浙江宁绍台道等官职，后来又出任驻英国、法国、意大利、比利时四国大使，是著名的洋务派人物。薛福成的长子薛南溟早年也在李鸿章府中担任幕僚，后来弃官从商，光绪二十二年（1896）和同乡"煤铁大王"周舜卿在上海七浦路合资创办了永泰丝厂（图6-14）。最初因为经营不善，丝厂连年亏损，周舜卿也因此退股，改由薛南溟独立经营。这种情况一直到光绪三十一年（1905）徐锦荣出任永泰丝厂经理后才得到改善。徐锦荣原是上海意商纶华丝厂的总管车，生产经验丰富，任职后致力于工厂管理、工人技术训练和生丝品质控制，为方便工人记忆，亲自编写生产流程口诀，终于扭亏为盈。

图6-14　薛南溟

到了民国年间，因为上海地租日益增长，薛南溟就将整个永泰丝厂迁到无锡南门外，由儿子薛寿萱接手丝厂的管理。薛寿萱是个"海归"，曾在美国学习铁路管理和经济管理，又对日本的机器缫丝业进行过详细的考察，接手后从设备、技术、管理等各方面对丝厂进行改革。他起用了邹景衡、薛祖康等一批学成归国的新人，又从日本引进长弓式、千叶式煮茧机，取消了专门索绪的童工，同时出资开办练习班、华新制丝养成所，积极培养自己的制丝技术人才。经过一系列科学改革，永泰系统的丝厂发展迅速，到二十世纪三十年代初，已拥有800余台立缫车，数量居国内之首。出产的"金双鹿""银双鹿"牌白厂丝质量上乘，"金双鹿"牌生丝还曾在纽约万国博览会上荣获金奖，声誉日隆，在国际市场上可卖到1600两纹银一担的价格，还供不应求，而在国内外市场上的售价比其他厂的生丝价格平均高出15%以上。民国二十五年（1936），薛寿萱联合无锡其他30余家丝厂，发起成立了桑、蚕、丝、工、贸一体的集团性公司——无锡兴业制丝股份有限公司，自任经理，将部分设备落后、产品低劣的小丝厂租赁后予以关闭，以实现内联外挤、提高与日商丝厂的竞争力量，进而控制江、浙、皖地区600余家茧行，其中永泰系统直接控制的丝厂有16家，丝车6000多台，形成了一个以永泰为中心的丝茧垄断集团，无锡全市主要丝厂均通过永泰渠道向国外销售生丝。

在永泰丝厂的带动下，无锡地区的机器缫丝厂发展迅速，民国十九年（1930）时发展到49家，缫丝车15326台；次年又增至51家，占江苏全省丝厂总数的95%，成为名副其实的"丝都"。

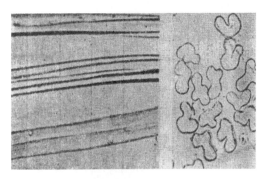

图6-15 铜氨人造丝纵向及横截面形态（瞿炳晋）

一场关于人造丝的争论

人造丝的使用是民国时期丝织原料的一项重要变革，也是对中国丝织业发展影响深远的一个重要因素。当时的所谓人造丝是指用植物性纤维经过化学加工再造而成的长纤维（图6-15），因为它的外观和性能与天然丝十分相似，所以被称为"人造丝"，英文则叫作 Artificial Silk Yarn，国际统称为 Rayon（缧萦）。

人造丝的发明经过了一个较长的发展阶段，早在1664年，英国物理学家胡克博士在他的《显微绘图》一书中曾提出用"某种方法来制造一种黏性的物质，然后把它通过网筛拉出后变成很像蚕吐出的丝"的设想。受此启发，法国科学家卜翁收集了大量的蜘蛛黏液，再把它们通过带有许多小孔的容器挤压出来制成了"人造蜘蛛丝"，并用这些丝织出了一副手套。到1855年，瑞士化学家安德曼发现用硝酸处理桑叶可以使桑叶变成黏性液体，这种黏液通过小孔挤压后就形成了连绵不断的细丝，这也是最早真正意义上的人造丝。后来，德国化学家舍拜因又发现所有的天然纤维素都能和硝酸起化学反应，生成一种硝化纤维。1883年，美国科学家斯旺将硝酸纤维溶于酒精中得到了喷丝黏液，并生产出了可供纺织生产用的硝化人造丝。而最终实现硝酸纤维工业化生产的则是法国的夏尔多内，他的人造丝产品在1889年举办的巴黎博览会上成功地赢得了一片赞叹声。

与天然蚕丝相比，人造丝具有光泽鲜艳、价格低廉、颣节全无、品质均一的优点，所以自从在巴黎世博会上取得成功后，各国纷纷设立工厂制造，发展很快。中国在清末时已有少量人造丝进口，但主要用于丝边业和丝线业等行业。民国初年，一些胆大的厂家开始将人造丝偷偷掺用到绸货中，结果被同业查出而议罚。面对是否使用人造丝这个问题，机织业分成拒、迎两派，两派各执己见，进行了一场激烈的争论（图6-16）。当时持抗拒抵制态度的大多是旧式机

图6-16　民国 利用人造丝生产的织物（清华大学美术学院藏）

户和经营蚕丝业者，他们认为一旦任由人造丝输入，会对天然蚕丝造成重大打击，从而危及小民的生计；而持欢迎态度的则多是新式工厂企业，他们认为国外人造丝的输入量逐年增加，与其让舶来品源源流入，还不如用其原料自己生产产品来代替洋货，以减少损失。这场论战最后不了了之，但是作为"时代科学产物"的人造丝的使用却势不可挡，尤其是杭州纬成公司于民国十四年（1925）率先以蚕丝做经、人造丝做纬创制出巴黎缎（图6-17），获得高额利润后，掺用人造

图6-17　纬成公司的产品（中国丝绸博物馆藏）

丝的丝织同业日益众多。对此经过公会讨论，最终形成决议，规定生产缎罗纺绉等固有绸缎仍禁止使用人造丝，但仿照舶来品生产的新产品则准予通融。此后，人造丝日益成为丝织物的主要原料，输入量日益增长，从而创新开发出了很多蚕丝、人造丝交织产品和全人造丝产品新品种，而相对廉价的人造丝的大量使用也使得当时许多小型丝织厂得到发展。

●●●美亚织绸厂的广告宣传战●●●

民国时期，随着丝织业逐步实现机器化生产，原有的生产经营方式已很难跟上形势的发展，原有的家庭劳动开始向集中制的工厂生产过渡，特别是在江、浙、沪等丝绸主要产地的大中城市里，新式丝织工厂和公司纷纷崛起，成为丝织业生产经营的主导方式。上海的美亚织绸厂是民国时期机器丝织业史上最大的近代企业之一。

图6-18　蔡声白

美亚织绸厂最初由湖州丝商莫觞清、汪辅卿与美国商人兰乐壁合办，后改为莫觞清独资，并由其婿蔡声白全面管理（图6-18）。具有留美经历的蔡声白深谙企业竞争的核心是品牌。因此，除了加强产品品种和图案设计、开发外，美亚厂也十分注重广告宣传（图6-19），并将当时最新潮和最引起人们关注的时尚媒体——电影引入到宣传中。为此，美亚特地聘请了曾任职于新民影厂的陈惟中进行拍摄，陈惟中就职后以750银元购置到一部八成新的DEURY型手提式电影拍摄机，同时购置了一套中型电影放映设备，拍摄了一部名为《中华之丝绸》的纪录片。影片分为三个部分：开始按中国传统的种桑、养蚕、缫丝、织绸

图6-19　美亚广告

等分工顺序，拍摄了乡间桑林、村户蚕房和市镇的丝厂、绸厂等场景；然后镜头切换到美亚厂车间，从成箩的蚕茧进厂到成匹的绸缎下机，展示了井然有序的各个生产工序（图6-20）；而影片的高潮则是丝绸时装表演。当时美亚成立了四人的时装表演队，领队演员兼播音主持为张昕若小姐，并邀请黎莉莉、陈燕燕

图6-20 美亚织绸厂生产的丝织物

等电影演员加盟，在先施公司时装厅举行了专场表演，引起轰动。影片也对此进行了专门纪录。电影拍摄完成后，为收复日绸占去的失地，民国十七年（1928）蔡声白亲自带队在暹罗（今泰国）、安南（今越南）、马来西亚和新加坡等国进行美亚丝绸巡展。影片《中华之丝绸》也在展厅插放，影星们的优雅风姿、江南蚕乡的秀美风光、美亚丝绸时装的富丽高雅，赢得了海外游子的一片赞美，所到之地均引起轰动。初战告捷后，民国二十一年（1932），美亚和先施公司联合举办了一次规模更大的丝绸时装表演，除了黎莉莉、陈燕燕、林楚楚等明星参加外，胡蝶、阮玲玉、周璇等当红大明星也来现场客串演出，现场还有丝竹表演，一时观者鼎沸。同年5月，美亚丝绸展览团由上海登船首航广州，展开了广州、香港、汕头、厦门、福州、温州、宁波等城市的华南巡展。这次展览除了播放影片《中华之丝绸》外，又在主会场搭台，由时装队举行模特表演，所到之处都刮起了一场美亚丝绸旋风。

在此情势下，蔡声白决定乘胜追击，民国二十三年（1934）美亚丝绸展览团由上海乘船溯江西上，经芜湖、九江，继陆路转南昌、汉口、长沙，再折返沿江的沙市，又由水路下宜昌、万县而直抵重庆，在长江流域各省举行了第三次巡展（图6-21）。由于对于内地民众电影还是新奇事物，十分有吸引力，在首站芜湖，影片《中华之丝绸》的播放引起了全城万人空巷的大轰动，并应观众要求加映七天。之后在南昌、长沙、重庆等地，美亚的丝绸宣传和展销结合的方式同样取得了成功。

图6-21 国货游行中美亚厂孔雀造型宣传车

可以说，由蔡声白精心谋划的这次品牌宣传战兼市场开拓战非常成功，对企业和品牌的发展起到了巨大的促进作用。而美亚厂这种借助电影这个新兴媒体，以时装模特表演为艺术形式来展示自己的丝绸产品的广告宣传手段，也是当时的一个创新之举，可称得上是"经典之作"。

●●● 开蚕桑教育之先的蚕学馆 ●●●

蚕桑丝绸事业的发展离不开人才的培养，创建于清光绪二十三年（1897）的蚕学馆是中国近代丝绸教育的起点，它的创办人是福建侯官人林启（图6-22）。当时林启在杭州当知府，面对中国生丝的出口市场逐渐被日本蚕丝业侵夺的情况，他上书浙江巡抚廖寿丰，详细比较了中日两国近年来的蚕丝产量增减数，指出浙江位居中国蚕丝业之首，振兴实业当以蚕丝业为重，而若要与日本在丝业市场进行竞争则必须培养人才，学习推广养蚕缫丝新法，他的想法后来获得批准。

图6-22 林启

于是林启委托邵章在西湖金沙港原关帝庙和怡贤亲王祠（今曲院风荷公园内）筹建蚕学馆,建屋共用银9300余两,光绪二十四年（1897）4月初正式开学。所设课程包括物理、化学、动植物、气象、土壤、桑树栽培、蚕体生理、蚕体解剖、养蚕、显微镜操作、制种、蚕茧检验、生丝检验等，学制两年，旨在除蚕病、精求饲育，兼讲植桑、缫丝，传授学生，推广民间。林启亲兼总办，开始聘请曾在法国学习养蚕新法和检种技术的宁波人江生金任总教习；江辞职后，改聘日本宫城县农学校教谕轰木长。第一年招收了25名学生，多数为秀才出身，由蚕学馆供给伙食，每人还按月发3元零用费，最终有16名学生毕业，大多被派往杭、嘉、湖、宁、绍五府所创的养蚕会充任教习。

民国成立以后，学校改名为浙江公立中等蚕桑学校，由自日本学成归国的朱显邦担任校长，担任蚕科教习的张元成、倪绍雯、刘宗镐也多毕业于日本东京高等蚕业讲习所。此后，学校历经变革（图6-23），到抗战全面爆发前，已具相当规模，师资力量雄厚，43名教职员中，曾赴日留学和进修的有16人，占37.2%。设有养蚕和制丝两个系，办公室、教学楼、显微镜实验室、蚕室、贮桑室、附属原蚕种场、普通种场、拥有80部立缫机的缫丝厂、礼堂、膳厅和体育场等教学设施，一应俱全。

图6-23　浙江蚕业学校

至1949年新中国成立前，蚕学馆共毕业80期（班），毕业生1400多名。除此之外，蚕学馆还通过公派留学等方式来培养丝绸人才。如近代著名的蚕桑专家曾汉青、朱新予、徐淡人、周继先等人从蚕学馆毕业后，曾先后被派到意大利、日本等国学习蚕丝技术。同时，一些蚕学馆毕业生创办了全国各级蚕桑学校或在其中任教。如毕业于蚕学馆的报业巨子史量才在上海创办了私立女子蚕桑学堂，后迁至苏州改名为江苏省立女子蚕业学校，由同为蚕学馆毕业的蚕丝教育家郑辟疆任校长（图6-24），成绩斐然。这

图6-24　郑辟疆

些通过蚕学馆直接或间接培养的毕业生遍布国内各蚕种场、养蚕场和缫丝厂（图6-25），指导蚕农新法育种、新法养蚕，改进缫丝技术，对中国的蚕丝改良和机械缫丝的发展起到了十分重要的作用。

图6-25　蚕饲养实习

参考文献

[1] 司马迁.史记[M].北京：中华书局，1982.

[2] 陈寿.三国志[M].北京：中华书局，1975.

[3] 房玄龄.晋书[M].北京：中华书局，1974.

[4] 魏徵.隋书[M].北京：中华书局，1973.

[5] 欧阳修，宋祁.新唐书[M].北京：中华书局，1975.

[6] 脱脱.宋史[M].北京：中华书局，1977.

[7] 脱脱.金史[M].北京：中华书局，1975.

[8] 宋濂.元史[M].北京：中华书局，1976.

[9] 干宝.搜神记[M].北京：中华书局，1979.

[10] 许维遹.吕氏春秋集释[M].北京：中华书局，2009.

[11] 刘向.列女传[M].江苏：江苏古籍出版社，2003.

[12] 玄奘，辩机，季羡林.大唐西域记校注[M].北京：中华书局，2008.

[13] 张彦远.历代名画记[M].北京：人民美术出版社，2004.

[14] 李肇，赵璘.唐国史补·因话录[M].上海：上海古籍出版社，1979.

[15] 庄绰.鸡肋篇[M].北京：中华书局， 1997.

[16] 周去非，杨武泉.岭外代答校注[M].北京：中华书局，1999.

[17] 陶宗仪.南村辍耕录[M].北京：中华书局，2004.

[18] 宋应星.天工开物[M].北京：中国社会出版社，2004.

[19] 刘若愚.酌中志[M].北京：北京古籍出版社，1994.

[20] 叶梦珠.阅世编[M].北京：中华书局，2007.

[21] 马可·波罗行纪[M].冯承钧，译.上海：上海书店，2000.

[22] 黄能馥，陈娟娟.中国服饰史[M].上海：上海人民出版社，2004.

[23] 黄能馥，陈娟娟.中国丝绸科技艺术七千年[M].北京：中国纺织出版社， 2002.

[24] 金文，梁白泉.南京云锦[M].苏州：江苏人民出版社，2009.

[25] 李超杰.都锦生织锦[M].上海：东华大学出版社，2008.

[26] 李济.西阴村史前的遗存.李济文集[M].上海：上海人民出版社，2006.

[27] 美亚织绸厂.美亚织绸厂廿五周年纪念刊[M].未刊本.上海市档案馆藏，1945.

[28] 上海市纺织科学研究院，上海市丝绸工业公司.长沙马王堆一号汉墓出土纺织品的研究[M].北京：文物出版社，1980.

[29] 沈寿.雪宦绣谱图说[M].济南：山东画报出版社，2004.

[30] 孙佩兰.中国刺绣史[M].北京图书馆，2007.

[31] 徐德明.中华丝绸文化[M].北京：中华书局，2012.

[32] 徐铮，袁宣萍.杭州丝绸史[M].北京：中国社会科学出版社，2011.

[33] 郑巨欣.中国传统纺织品印花研究[M].杭州：中国美术学院出版社，2008.

[34] 中国社会科学院考古研究所，定陵博物馆，北京市文物工作队.定陵[M].北京：文物出版社，1990.

[35] 赵丰.中国丝绸通史[M].苏州：苏州大学出版社，2005.

[36] 赵丰，屈志仁.中国丝绸艺术[M].北京：外文出版社，2012.

[37] 包铭新.关于缎的早期历史的探讨[J].中国纺织大学学报，1986（1）.

[38] 陈娟娟.缂丝[J].故宫博物院院刊，1979（3）.

[39] 陈娟娟.明清宋锦[J].故宫博物院院刊，1984（4）.

[40] 陈娟娟.明代提花纱、罗、缎织物研究[J].故宫博物院院刊，1986（4）.

[41] 陈娟娟.宋代的缂丝艺术[J].文物天地，1994（4）.

[42] 高汉玉，王任曹，陈云昌.台西村商代遗址出土的纺织品[J].文物，1976（6）.

[43] 高汉玉，张松林.河南青台遗址出土的丝麻织品与古代氏族社会纺织业的发展[J].古今丝绸，1995（1）.

[44] 钱小萍.蜀锦、宋锦和云锦的特点剖析[J].丝绸，2011（5）.

[45] 曲从规.陈启源与中国近代机器缫丝业[J].史学月刊，1985（3）.

[46] 山东邹县文物保管所.邹县元代李裕庵墓清理简报[J].文物，1978（4）.

[47] 尚刚.纳石失在中国[J].东南文化，2003（8）.

[48] 尚刚.蒙、元御容[J].故宫博物院院刊，2004（3）.

[49] 苏州市文物保管委员会，苏州博物馆.苏州吴张士诚母曹氏墓清理简报[J].考古，1965（6）.

[50] 汪圣云.张謇与大生纱厂的兴衰[J].武汉科技学院学报，2001（4）.

[51] 武敏.唐代的夹板印花——夹缬——吐鲁番出土印花织物的再研究[J].文物，1979（8）.

[52] 无锡市博物馆.江苏省无锡市元墓中出土的一批文物[J].文物，1964（12）.

[53] 新疆文物考古研究所.新疆民丰县尼雅遗址95MNI号墓地M8发掘简报[J].文物，2000（1）.

[54] 新疆文物考古研究所.新疆尉犁县营盘墓地1995年发掘简报[J].考古，2002（6）.

[55] 新疆文物考古研究所. 新疆罗布泊小河墓地2003年发掘简报[J].文物，2007（10）.

[56] 薛雁. 明代丝绸中的四合如意云纹[J]. 丝绸， 2001（6）.

[57] 扬之水.“满池娇”源流——从鸽子洞元代窖藏的两件刺绣说起.丝绸之路与元代艺术国际学术讨论会论文集[C].香港：艺纱堂/服饰工作队，2005.

[58] 于志勇. 楼兰–尼雅地区出土汉晋文字织锦初探[J].中国国家博物馆馆刊，2003（6）.

[59] 赵丰.窦师纶与陵阳公样——兼谈唐代的丝绸设计程式.丝绸之路：设计与文化[M].上海：东华大学出版社， 2008.

[60] 张寿彭.论张謇创办的大生纱厂的性质[J].兰州大学学报，1983（4）.

[61] 周匡明.钱山漾绢片出土的启示[J].文物，1980（1）.